AF643145

K. B. Jacimirskij

Einführung in die bioanorganische Chemie

K. B. Jacimirskij

Einführung in die bioanorganische Chemie

Bearbeitet und herausgegeben von

Prof. Dr. sc. *Horst Hennig*
Leipzig

und

Dr. sc. *Helmut Müller*
Leipzig

Mit 16 Abbildungen und 31 Tabellen

AKADEMIE-VERLAG · BERLIN

1980

© ,,Наукова думка'', Kiew 1976
К. Б. Яцимирский
,,Введение в бионеорганическую химию''

Übersetzer:

Dipl.-Chem. Dietmar Hentschel

Erschienen im Akademie-Verlag, DDR-108 Berlin, Leipziger Straße 3–4
Lektor: Gisela Güntherberg
© der deutschsprachigen Ausgabe Akademie-Verlag Berlin 1980
Lizenznummer: 202 · 100/462/80
Einband und Schutzumschlag: Karl Salzbrunn
Gesamtherstellung: VEB Druckhaus „Maxim Gorki", 74 Altenburg
Bestellnummer: 762 558 5 (6478) · LSV 1254, 1314
Printed in GDR
DDR 14,– M

Vorwort zur deutschsprachigen Ausgabe

Mit dem Buch „Einführung in die bioanorganische Chemie“ stellt der namhafte sowjetische Chemiker K. B. JACIMIRSKIJ seine Ansichten über dieses neuerschlossene Grenzgebiet zwischen Chemie und Biologie vor. Das Bemerkenswerte an dieser Darstellung ist, daß ein international anerkannter Wissenschaftler den Versuch unternimmt, aus speziell koordinationschemischer Sicht die Vielfältigkeit der Wechselwirkungen von Metallionen mit und in biologischen Substraten zusammenfassend zu interpretieren.

Um diesen Vorzug der Darstellung und um die Diktion des Autors möglichst wenig zu beeinflussen, haben wir uns bemüht, den Originaltext so präzise und wortgetreu wie möglich zu übertragen. Nur dort, wo es uns unabdingbar erschien — z. B. aus Nomenklaturgründen — wurden mittels Anmerkungen kurze Kommentare angefügt. In gleicher Weise wurde bei der Ergänzung der Literaturzitate verfahren.

Wir glauben, daß das vorliegende Buch ein wichtiger Schritt ist, um das in der DDR bisher wenig gepflegte Gebiet der „Bioanorganischen Chemie“ zu beleben, insbesondere in der schulischen Bildung und im akademischen Unterricht.

Den Kollegen der Sektion Biowissenschaften der Karl-Marx-Universität Leipzig, besonders Herrn *Doz. Dr. Nuhn* und Herrn *Prof. Dr. Kleber*, danken wir für wertvolle Hinweise.

Herausgeber und Übersetzer

Vorwort

Das vorliegende Buch ist in der sowjetischen wissenschaftlichen Literatur der erste Versuch, in einer kurzen und einprägsamen Form die Grundlagen eines neuen Wissensgebietes — der bioanorganischen Chemie (anorganischen Biochemie) — darzustellen.

In diesem Buch wird speziell auf das Grundproblem der bioanorganischen Chemie, die Wechselwirkung von Biometallen („Lebensmetallen“) mit Bioliganden, eingegangen. Struktur und Eigenschaften der sich bildenden Biokoordinationsverbindungen sowie ihre biologischen Funktionen werden auf molekularer Grundlage beschrieben.

Dabei werden hauptsächlich chemische und physikalisch-chemische Aspekte der bioanorganischen Chemie und insbesondere chemische und physikalisch-chemische Eigenschaften der Biometalle, Bioliganden und Biokomplexe betrachtet. Mit der weiteren Entwicklung der bioanorganischen Chemie werden die biologischen Aspekte dieser Wissenschaft und die Erforschung von Lebensprozessen, die unter Teilnahme der Biometalle ablaufen, eine zunehmende Bedeutung erfahren.

Der Autor strebte keine detaillierte, in die Einzelheiten gehende Darstellung des Gegenstandes an; deshalb hielt er es für möglich, sich auf einen geringen Umfang zu beschränken, wobei er sich der Unvollständigkeit der Darstellung bewußt ist, was auch die Überschrift des Buches: „Einführung in die bioanorganische Chemie“ zum Ausdruck bringen soll. Aus diesem Grunde wurden in das Literaturverzeichnis vorwiegend Übersichtsartikel und Monographien aufgenommen.

Das Buch besteht aus zehn Kapiteln, in denen der Autor eine möglichst große Zahl von Problemen zu erfassen bemüht war: angefangen von den Besonderheiten der Elektronenstruktur der Biometalle bis zu Anwendungsaspekten der bioanorganischen Chemie, insbesondere in der Medizin, der Landwirtschaft sowie beim Umweltschutz.

Der Verfasser ist für kritische Hinweise und Bemerkungen der Leser dankbar und wird sie mit Interesse entgegennehmen.

Der Autor

Inhalt

Einführung

Die bioanorganische Chemie entstand im letzten Jahrzehnt an der Nahtstelle zwischen Biologie und anorganischer Chemie. Ihre Entwicklung wurde vor allem durch eine klarere Formulierung ihrer Aufgaben begünstigt: der Untersuchung der molekularen Wechselwirkung zwischen Metallionen (in erster Linie Biometallen) und Bioliganden, vorwiegend Proteinen, Nucleinsäuren sowie ihren Abbauprodukten und einigen anderen im Organismus vorkommenden Stoffen (darunter Vitamine, Hormone, Metabolite und Antimetabolite).

Für die Herausbildung der bioanorganischen Chemie war ein genügend hohes Entwicklungsniveau der anorganischen Chemie notwendig. Dieses Niveau wurde in der zweiten Hälfte des 20. Jahrhunderts erreicht, vor allem auf Grund der Einführung der MO-Methode sowie von modernen physikalisch-chemischen Untersuchungsmethoden zur Ermittlung der Elektronen- und Molekülstruktur. In gleicher Weise war ein genügend hohes Entwicklungsniveau der Biologie notwendig, das dank der Erfolge in den letzten zehn Jahren auf dem Gebiet der Molekularbiologie erreicht wurde.

Die erfolgreiche Entwicklung neuer Wissensgebiete an der Nahtstelle zweier Wissenschaftsdisziplinen erfordert, zumindest in der Anfangsperiode, eine Begrenzung der Stoßrichtungen, d. h., die Beschränkung auf die Lösung einer relativ begrenzten Anzahl von Fragen. Im Falle der bioanorganischen Chemie ergibt sich eine solche Begrenzung auf natürliche Weise: In erster Linie wird das Verhalten von zehn sogenannten „Lebensmetallen" (Biometallen) im lebenden Organismus untersucht. Zu den Lebensmetallen gehören fünf Ionen mit aufgefüllten Elektronenschalen (die Ionen des Natriums, Kaliums, Magnesiums, Calciums und Zinks), vier Ionen mit unbesetzten $3d$-Elektronenzuständen (die Ionen des Mangans, Eisens, Cobalts und des Kupfers) und nur ein $4d$-Element (Molybdän).

Die bioanorganische Chemie beschäftigt sich mit den biologischen Funktionen dieser Metallionen, mit der Struktur biologisch wirksamer Cluster, die Metallionen enthalten, mit den Transportformen dieser Metallionen etc.

Die Lösung dieser Aufgaben erfordert die Anwendung modernster physikalisch-chemischer Untersuchungsmethoden, insbesondere der Spektroskopie in allen zugänglichen Wellenlängenbereichen sowie unterschiedlicher Beugungsmethoden (speziell der Röntgenbeugung).

Die theoretischen Aspekte der bioanorganischen Chemie beruhen auf den Vorstellungen der modernen Quantenchemie und deren Anwendung auf biologische Objekte bzw. deren Modelle. Nachdem in den sechziger Jahren der Eindruck entstanden war, als seien die Möglichkeiten der Quantenchemie erschöpft, so daß die nächste Zukunft ernsthafte Erfolge der „Quantenbiologie" nur schwer erwarten ließ, da sogar die einfachsten „biologischen Cluster" eine Vielzahl von dutzenden bis hunderten Atomen einschließen, ergaben sich in der neuesten Zeit berechtigte Erwartungen auch auf diesem Gebiet durch die Entwicklung der prinzipiell neuen Methode X_α (multiple scattering), die erfolgreich auf die Berechnung einiger Metall-Porphyrin-Komplexe angewendet werden konnte.

Gegenwärtig erlangen Modellbetrachtungen biologischer Systeme und Prozesse in der bioanorganischen Chemie eine große Bedeutung. Sie verfolgen mehrere Ziele: die bessere Beschreibung einiger biologischer Prozesse (z. B. der Stickstoff-Fixierung, der Aktivierung und des Transports von molekularem Sauerstoff, der Anreicherung und Trennung ähnlicher Metallionen) sowie ihre modellhafte Beschreibung anhand einfacherer und der Untersuchung zugänglicherer Objekte. Diese Untersuchungen dienen auch der Schaffung von Analoga zu biologischen Systemen mit der Perspektive ihrer Anwendung in der Technik (chemische Bionik) usw. Man muß auch in Betracht ziehen, daß die Natur, ungeachtet der langen Evolution, die zur Entwicklung allervollkommenster biochemischer Prozesse führte, bestimmten Einschränkungen unterlag: Erstens durch die während der Evolution vorherrschenden Temperatur- und Druckverhältnisse und zweitens durch die Notwendigkeit, mit dem vorhandenen Material bis zum äußersten zu sparen. Aus diesem Grund können biochemische Prinzipien bei der Übertragung auf andere Bedingungen (z. B. hoher Druck, weitere Temperaturbereiche) in technischer Hinsicht womöglich ganz erstaunliche Resultate liefern.

Einige Forschungsergebnisse der bioanorganischen Chemie finden bereits Anwendung in der Praxis, wie Beispiele aus der Medizin, der Pflanzenzucht und dem Umweltschutz zeigen.

Viele Koordinationsverbindungen der Übergangsmetalle erwiesen sich als biologisch aktiv. So führt z. B. die Komplexbildung im Boden zur Überführung der für die Pflanze notwendigen Metalle in eine Transportform; die Erforschung des Vitamins B_{12} zeigte, auf welchem Wege auch toxische Metallionen in der Natur transportiert werden können.

Die Entwicklung der bioanorganischen Chemie ist insofern nicht problemlos, als es notwendig ist, die Gesetzmäßigkeiten zweier bisher ziemlich weit voneinander entfernter Wissenschaftsdisziplinen — der anorganischen Chemie und der Biologie — zu erkennen. Dafür sind gemeinsame Bemühungen von Chemikern und Biologen erforderlich, um sowohl das biologische als auch das chemische Niveau dieser neuen Disziplin, der bioanorganischen Chemie, auf das erforderliche Maß zu bringen.

In letzter Zeit erschienen einige englischsprachige Monographien[1,2], die einzelnen Problemen der bioanorganischen Chemie oder, wie sie manchmal genannt wird, der „anorganischen Biochemie" gewidmet sind. Das vorliegende Buch ist der erste Versuch, die Grundlagen dieser neuen Wissenschaft hauptsächlich vom Standpunkt des Anorganikers aus darzulegen[3].

Das Buch besteht aus zehn Kapiteln. In den ersten beiden Kapiteln werden die Forschungsobjekte der bioanorganischen Chemie, die Biometalle und Bioliganden, betrachtet; im dritten und vierten Kapitel werden die Grundideen der modernen Koordinationschemie in Anwendung auf die bioanorganische Chemie dargelegt; im fünften Kapitel sind in der gebotenen Kürze moderne physikalisch-chemische Untersuchungsmethoden dargestellt, die in der bioanorganischen Chemie angewendet werden können. Den biologischen Funktionen der Biometalle ist das sechste Kapitel gewidmet. In den drei folgenden Kapiteln wird eine kurze Charakteristik der drei wichtigsten Gruppen von Biokomplexen gegeben, und zwar von Metalloenzymen, die hydrolytische und Redoxprozesse katalysieren, und von Metallpolynucleotiden. Das letzte Kapitel ist Anwendungsaspekten der bioanorganischen Chemie gewidmet.

---

[1] Siehe z. B.: „*Structure and bonding*", Vol. 29, Springer, Berlin, Heidelberg, New York, 1976

[2] Siehe auch: R. J. P. Williams, J. J. R. F. da Silva „*New Trends in Bioinorganic Chemistry*", Academic Press, New York, London 1979 (*Anm. der Herausgeber*)

[3] Hinsichtlich allgemeiner chemischer und biochemischer Zusammenhänge siehe z. B.: Rapoport, S. M.: „*Medizinische Biochemie*", Volk und Gesundheit, Berlin 1977; Hofmann, E.: „*Dynamische Biochemie*" Teil I bis IV, Akademie-Verlag, Berlin 1971; Hennig, H., Weissenfels, M., Franz, H.: „*Grundlagen der Chemie für Mediziner*", I. A. Barth, Leipzig 1979 (*Anm. der Herausgeber*)

Kapitel I

Die Lebenselemente (Bioelemente)

Unter natürlichen Bedingungen sind auf der Erde 90 Elemente des Periodensystems in unterschiedlicher Häufigkeit bekannt. Lediglich 18 Elemente sind für die verbreitetsten biologischen Systeme bedeutsam. Man kann annehmen, daß sich noch einige weitere Elemente (3—5) für einige spezielle Funktionen von Biosystemen als notwendig erweisen können, allerdings wird man sie wohl kaum zu den lebensnotwendigen zählen können.[1]

Sechs Elemente (Kohlenstoff, Wasserstoff, Stickstoff, Sauerstoff, Phosphor und Schwefel) spielen die wichtigste Rolle in Biosystemen: Sie sind Bestandteil der Eiweiße und Nucleinsäuren und bilden die Grundlage des Lebens auf der Erde. In diesem Elemente-Sextett finden sich die leichtesten Atome, deren verbreitetste und stabilste Oxydationsstufen die folgenden sind: 1 (Wasserstoff), 2 (Sauerstoff), 3 (Stickstoff), 4 (Kohlenstoff), 5 (Phosphor) und 6 (Schwefel). Für Wasserstoff, Sauerstoff und Kohlenstoff sind diese Oxydationszahlen die einzig möglichen bzw. die bevorzugt beobachteten; die Atome des Stickstoffs, Phosphors und Schwefels haben veränderliche Oxydationszahlen; die oben genannten entsprechen dabei den stabilsten Elektronenkonfigurationen.

Die zwölf weiteren Elemente haben eine sehr wesentliche Bedeutung für die Lebenstätigkeit der Organismen. Zu ihnen gehören zwei Nichtmetalle (Chlor und Iod)[2] und zehn Metalle: Natrium, Kalium, Magnesium, Calcium, Mangan, Eisen, Cobalt, Kupfer, Zink und Molybdän. Diese zehn Metalle erhielten die Bezeichnung „Lebensmetalle" [15] oder „Biometalle", und die Untersuchung ihres Verhaltens in lebenden Organismen stellt die Hauptaufgabe der bioanorganischen Chemie dar.

Es gibt Hinweise darauf, daß die Anzahl der Biometalle erweitert werden muß und daß zu ihnen auch Vanadium, Chromium, Nickel und Cadmium [37] zu

---

[1] Im menschlichen Körper konnten bisher 40 verschiedene Elemente nachgewiesen werden, von denen für 21 eine biologische Funktion gesichert werden konnte (Rapoport, S. M.: „*Medizinische Biochemie*") (*Anm. der Herausgeber*).

[2] Als weitere Nichtmetalle siud Fluor und Selen zu nennen (*Anm. der Herausgeber*).

rechnen sind. Allerdings sind die Proteine und Nucleinsäuren, in denen sie nachgewiesen wurden, äußerst wenig untersucht. Die Funktion dieser Elemente ist noch nicht aufgeklärt. Deshalb werden wir uns im weiteren nur auf die zehn aufgezählten Biometalle beschränken.

Die Prinzipien der Auswahl der angeführten zehn Biometalle durch die Natur für den Aufbau von Biosystemen sind bis jetzt noch ungeklärt, obwohl offensichtlich ihre Häufigkeit nicht das entscheidende Kriterium war. So sind Silicium, Aluminium und Titan ziemlich häufige Elemente, jedoch ist keines von ihnen zu den Lebenselementen zu rechnen.

Die häufigsten Elemente des menschlichen Körpers sind: Calcium (1700 g)[1], Kalium (250 g), Natrium (70 g), Magnesium (42 g), Eisen (5 g) und Zink (3 g). Die restlichen Elemente sind im menschlichen Organismus in Konzentrationen verbreitet, die geringer als 1 g auf 70 kg Gewicht sind (die Menge des Kupfers beträgt etwa 0,2 g, die der anderen Elemente weniger als 0,1 g). Die Mehrzahl der Biometalle gehört zur vierten Periode des PSE; lediglich Natrium und Magnesium gehören zur dritten Periode und Molybdän zur fünften (Tab. 1).

Tabelle 1: Die Biometalle im Periodensystem der Elemente

Periode	Gruppe									
	Ia	IIa	IIIb	IVb	Vb	VIb	VIIb	VIII	Ib	IIb
III	Na	Mg	—	—	—	—	—	—	—	—
IV	K	Ca	—	—	(V)	(Cr)	Mn	Fe, Co, (Ni)	Cu	Zn
V	—	—	—	—	—	Mo	—	—	—	—

Anmerkung: In Klammern sind die Elemente angegeben, deren Zugehörigkeit zu den Biometallen zweifelhaft ist.

Im Periodensystem liegen die Biometalle recht dicht beieinander (mit Ausnahme des Molybdäns) und bilden zwei „Inseln“: Vier Metalle, die zu den weitestverbreiteten Elementen der Gruppen Ia und IIa des PSE gehören, fünf Elemente, die in die 3*d*-Reihe gehören, und ein 4*d*-Element, das Molybdän.

Betrachten wir nun die Eigenschaften der aufgezählten Biometalle etwas näher. Dafür ist es zweckmäßig [10], sie in zwei Gruppen einzuteilen: *Nicht-*

---

[1] Die Angaben in Klammern beziehen sich auf ein mittleres Körpergewicht von 70 kg.

übergangselemente[1] (Na, K, Mg, Ca, Zn) und *Übergangselemente* (Mn, Fe, Co, Cu, Mo).

Die hier genannten Hauptgruppenelemente zeichnen sich durch die Konstanz ihrer Oxydationszahlen (Valenz) sowie durch die Bildung von Edelgaskonfigurationen aus. Die Übergangselemente sind charakterisiert durch veränderliche Wertigkeit (variable Oxydationsstufen) und durch die Bildung von Ionen mit teilweise besetzten *d*-Schalen, wodurch viele ihrer physikalischen Eigenschaften (Lichtabsorption im sichtbaren Teil des Spektrums, Paramagnetismus u. a.) bedingt sind, die die Aufklärung der Elektronenstruktur ihrer Verbindungen wesentlich erleichtern.

Tabelle 2: Einige Eigenschaften von Natrium und Kalium [10, 19]

Eigenschaften der Metalle	Natrium	Kalium
Elektronenkonfiguration	(Ne) $3s$	(Ar) $4s$
Erstes Ionisierungspotential [eV]	5,138	4,339
Zweites Ionisierungspotential [eV]	47,29	31,81
Elektrodenpotential ($M^+_{aq} + e = M_s$) [V]	−2,71	−2,92
Ionenradius (Koordinationszahl 6)	0,98 Å	1,33 Å
Hydratationswärme [kcal/mol]*)	101,0	81,0

*) Generell gilt (auch für alle folgenden Seiten): 1 kcal = $4{,}187 \times 10^3$ J und 1 Å = 10^{-10} m (*Anm. der Herausgeber*).

Die Atome der *Alkalimetalle* (Na und K) verfügen über ein *s*-Elektron und sind daher durch geringe Ionisierungspotentiale sowie stark negative Werte der entsprechenden Elektrodenpotentiale gekennzeichnet.

Die Ionen der Alkalimetalle sind relativ groß und weisen die Elektronenkonfiguration der ihnen vorangehenden Edelgase auf, wobei sie im Unterschied zu letzteren eine positive Ladung tragen.

Die Tendenz zur Bildung kovalenter Bindungen ist bei den Ionen der Alkalimetalle nur sehr schwach ausgeprägt. Einige Eigenschaften des Natriums und Kaliums sind in Tab. 2 angegeben.

Der Hauptunterschied zwischen den Ionen des *Natriums* und des *Kaliums* besteht in ihrer Größe ($r_{Na^+} = 0{,}98$ Å, $r_{K^+} = 1{,}33$ Å) sowie in ihren deutlich verschiedenen Hydratationsenergien. Diese unterschiedlichen Eigenschaften erweisen sich als sehr wesentlich für biologische Systeme und äußern sich in vielen Zusammenhängen: So gehört Na^+ zu den extrazellulären und K^+

[1] Statt der Bezeichnung Nichtübergangsmetalle bzw. -elemente ist in der deutschsprachigen Literatur der Begriff Hauptgruppenelement erhalten geblieben, der künftig vorzugsweise verwendet werden soll (*Anm. der Herausgeber*).

zu den intrazellulären Ionen. Kaliumionen werden in Biosystemen durch die größeren Ionen Rb^+, Cs^+, NH_4^+ und Tl^+ ersetzt. Der letztere Austausch ist sehr interessant, da sich das Tl^+-Ion in einer Reihe physikalischer und physikalisch-chemischer Eigenschaften wesentlich von den Alkalimetallionen unterscheidet und außerdem leichter nachweisbar ist als diese. Die Natriumionen können gegen Lithiumionen ausgetauscht werden, aber nicht gegen die in ihrer Größe vergleichbaren Cu^+-Ionen, da letztere zur Bildung kovalenter Bindungen und zur Teilnahme an Redoxprozessen neigen.

Magnesium- und *Calcium*ionen unterscheiden sich stärker voneinander. Einige ihrer Eigenschaften sind in Tab. 3 angeführt, erweitert um einige physikalisch-chemische Eigenschaften des *Zink*ions.

Tabelle 3: Einige Eigenschaften von Calcium, Magnesium und Zink [10, 19]

Eigenschaften der Metalle	Calcium	Magnesium	Zink
Elektronenkonfiguration	(Ar) $4s^2$	(Ne) $3s^2$	(Ar) $3d^{10}\,4s^2$
Erstes Ionisierungspotential [eV]	6,11	7,64	9,39
Zweites Ionisierungspotential [eV]	11,87	15,03	17,89
Elektrodenpotential $M^{2+}_{aq} + 2e = M_s$ [V]	−2,87	−2,37	−0,762
Ionenradien M^{2+} [Å]	1,06	0,78	0,82
Hydratationswärme [kcal/mol]	386	467	496

Der Unterschied der Ionenradien von Calcium und Magnesium und der bemerkenswerte Unterschied ihrer Hydratationswärmen ist von speziellem Interesse. Außerdem indizieren die auffallenden Unterschiede in den Ionisierungspotentialen (erstes und zweites), daß die Tendenz zur Bildung kovalenter Bindungen bei den Magnesiumionen stärker ausgeprägt ist als bei den Calciumionen. So bildet zum Beispiel Magnesium im Unterschied zum Calcium ziemlich feste Donor-Akzeptor-Bindungen mit den Stickstoffatomen in Aminogruppen.

Die Ähnlichkeit der Ionenradien r von Calcium, Strontium und den Lanthanoiden (Seltene Erden) führt dazu, daß Calciumionen gegen diese Ionen ausgetauscht werden können. Zum Vergleich sind die Ionenradien der Erdalkalielemente und der häufigsten Lanthanoiden angeführt:

Ionen	Mg^{2+}	Ca^{2+}	Sr^{2+}	Ba^{2+}	Eu^{3+}	La^{3+}	Y^{3+}	Lu^{3+}
Radien [Å]	0,78	1,06	1,23	1,43	—	1,22	1,07	1,01

Die Ionen des Zinks unterscheiden sich wesentlich von denen der anderen Hauptgruppen-Biometalle (Tab. 3). Obwohl der Ionenradius des Zinks dem des Magnesiums ziemlich nahe kommt, so sind sein erstes und zweites Ionisierungspotential bedeutend größer als die entsprechenden Potentiale für Calcium und auch für Magnesium.

Die hohen Werte der Ionisierungspotentiale des Zinks führen dazu, daß hier kovalente Wechselwirkungen bedeutend stärker in Erscheinung treten als bei den anderen Ionen; dabei bilden sich Molekülorbitale durch Überlappung mit den Atomorbitalen benachbarter Teilchen aus, und es kommt zu einer beträchtlichen Ladungsverschiebung vom Donor-Atom zum Akzeptor — dem Zinkion. Die Hauptbedingung für die Bildung von Molekülorbitalen ist, wie bekannt, die energetische Vergleichbarkeit der Ausgangs-Atomorbitale (im gegebenen Fall des Zinks und des Donors).

Das Zinkion spielt eine große Rolle in Biosystemen; vor allem als notwendiger Bestandteil vieler Enzyme.

Mangan, *Eisen*, *Cobalt* und *Kupfer* sind weitere typische Biometalle. Der Hauptunterschied dieser Metallionen im Vergleich zu den bereits betrachteten besteht im Vorhandensein einer nicht bzw. nur teilweise aufgefüllten *d*-Schale, was eine Reihe besonderer chemischer und physikalischer Eigenschaften der Übergangsmetallionen bedingt, insbesondere ihre ausgeprägte Befähigung zu Redoxreaktionen.

Lediglich *Nickel*(II)-Ionen unterliegen offenbar keiner Oxydation in Biosystemen; Cobalt(II) und Mangan(II) lassen sich schwer oxydieren; vergleichsweise leicht werden die Übergänge Fe(II) $\rightarrow$ Fe(III) und Kupfer(I) $\rightarrow$ Kupfer(II) realisiert.

Freie *d*-Bahnfunktionen können bei den genannten Ionen solche Eigenschaften hervorrufen wie Paramagnetismus, Signale im Elektronenspinresonanzspektrum (ESR-Spektrum) und Absorptionsbanden im ultravioletten, sichtbaren und infraroten Spektralbereich.

Die vergleichbaren Ionenradien und Ionisierungspotentiale bedingen die Ähnlichkeit vieler Reaktionen, bei denen sich die Oxydationszahlen nicht ändern, sowie die Möglichkeit des Austausches des einen Ions gegen ein anderes — mitunter ohne wesentliche Änderung der biologischen Funktionen (z. B. Zn(II) gegen Co(II)).

Unter den Biometallen ist *Molybdän* gesondert zu betrachten. Erstens ist es das einzige 4*d*-Element; zweitens ist es gekennzeichnet durch stabile hohe Oxydationsstufen (V und VI), wodurch die Bildung von komplexen Anionen und Oxoverbindungen verursacht wird. Das Vorhandensein mehrerer stabiler Oxydationsstufen ermöglicht die Beteiligung von Molybdän(V, VI)-Verbindungen[1] an Elektronenübertragungsprozessen.

Für die bioanorganische Chemie ist die Wirkung einiger weiterer Metallionen, die nicht zu den Biometallen zählen, auf den Organismus von Interesse. Dieses

---

[1] Siehe z. B.: WENTWORTH, R. A. B.: Coord. Chem. Rev. 18, 1 (1976)

Tabelle 4: Einige Eigenschaften der 3*d*-Übergangsmetalle und des Zinks [10, 19]

Eigenschaften der Metalle	Mn	Fe	Co	Ni	Cu	Zn
Elektronenstruktur	$3d^5 4s^2$	$3d^6 4s^2$	$3d^7 4s^2$	$3d^8 4s^2$	$3d^{10} 4s$	$3d^{10} 4s^2$
Erstes Ionisierungspotential [eV]	7,43	7,90	7,86	7,63	7,72	9,39
Zweites Ionisierungspotential [eV]	15,64	16,18	17,05	18,15	20,29	17,89
Drittes Ionisierungspotential [eV]	33,69	30,64	33,49	35,16	36,83	40,0
Normalpotential $M^{3+}_{aq} + e = M^{2+}_{aq}$	1,51	0,771	1,842	—	1,8	—
Normalpotential $M^{2+}_{aq} + e = M^{+}_{aq}$	—	—	—	—	0,167	—
Elektrodenpotential $M^{2+}_{aq} + 2e = M_s$	−1,05	−0,44	−0,277	−0,25	0,344	−0,762
Ionenradius M^{3+} [Å]	—	0,67	—	—	—	—
Ionenradius M^{2+} [Å]	0,91	0,83	0,82	0,78	0,82	0,82
Hydratationswärmen M^{2+} [kcal/mol]	449	467	499	511	509	496

Interesse ist durch die Toxizität einiger Metallverbindungen [38] begründet. Die Aufklärung des Wirkmechanismus toxischer Metallionen und das Auffinden von Reagenzien, die die toxischen Elemente aus dem Organismus entfernen oder, umgekehrt, von Reagenzien, die toxische Elemente in Mikroorganismen einführen, um sie abzutöten, stehen damit in unmittelbarem Zusammenhang.

Das Interesse am Verhalten einer Reihe von Metallen im Organismus wird auch dadurch hervorgerufen, daß mit der Entwicklung bestimmter Industriezweige das Problem der Umweltverschmutzung (Luft, Wasser, Boden) durch verschiedene Elemente (Quecksilber, Blei, Cadmium u. a.) sowie durch neue Verbindungen stärker in den Vordergrund rückt [38]. Die Untersuchung einer Reihe von Elementen im Organismus hat eine sehr wesentliche Bedeutung für die Aufklärung des Verhaltens vieler Spurenelemente, die sich gewöhnlich im Boden, im Wasser oder in der Luft befinden und in lebende Organismen gelangen können.

Im Zusammenhang damit erweist es sich als zweckmäßig, eine Klassifizierung der verschiedenen Kationen anhand ihrer elektrostatischen und kovalenten Eigenschaften vorzunehmen. Eine solche Klassifizierung wurde von uns im Laufe einer Reihe von Jahren ausgearbeitet [21, 22]. Sie wurde modifiziert und vervollkommnet in Abhängigkeit von der Entwicklung und dem Stand der Erkenntnisse über die Natur der Bindungskräfte, die die Wechselwirkung von Kationen mit verschiedenen Teilchen (Anionen, Molekülen) bestimmen. Zwei Grundtypen der Wechselwirkung sind charakteristisch: die elektrostatische (ionische) und die kovalente Bindung (Bildung von gemeinsamen Molekülorbitalen zwischen dem Kation und dem mit diesem in Wechselwirkung tretenden Teilchen). Der erste Bindungstyp wird durch die Größe der Ladung des Kations und durch seine räumliche Ausdehnung bestimmt. Dabei kommt naturgemäß der Ladung und der Größe des mit dem Kation reagierenden Teilchens, d. h. seinem Dipolmoment (z^2/r oder μ) eine wesentliche Bedeutung zu.

Die kovalente Bindungswechselwirkung (E_s) kann in erster und ziemlich grober Näherung durch die Gleichung

$$E_S = \frac{H_M^2 \cdot S_{ML}^2}{H_M - H_L} \tag{I.1}$$

beschrieben werden, wobei H_M und H_L die Coulomb-Integrale des Kations bzw. des Liganden und S_{ML} das Überlappungsintegral bedeuten.

Die Coulomb-Integrale kann man in erster Näherung den Ionisierungspotentialen gleichsetzen, obwohl es freilich bei den Metallionen richtiger ist, sich der Ionisierungspotentiale der Valenzzustände (VOIP) zu bedienen. Folglich kann man (I.1) wie folgt schreiben:

$$E_S = \frac{I_M^2 \cdot S_{ML}^2}{I_M - I_L} \tag{I.2}$$

Auf Grund ihrer physikalischen Bedeutung ist die Größe $I_M - I_L$ stets positiv, und je höher der absolute Betrag der Größe I_M ist, desto geringer ist die Differenz $I_M - I_L$, da $I_L < I_M$ (hier sind I_M und I_L negative Größen).

Vor der Wechselwirkung mit Liganden in wäßrigen Lösungen, in denen die Mehrzahl der biologischen Reaktionen abläuft, muß sich das Kation von seiner Hydrathülle „befreien". Deshalb haben wir im Jahre 1951 vorgeschlagen, zur Charakterisierung der Fähigkeit des Kations zur Bildung kovalenter Bindungen die Differenz zwischen dem (summarischen) Ionisierungspotential und der Hydratationswärme heranzuziehen. Diese Differenz (bezeichnet mit dem Symbol C) charakterisiert die Energieänderung bei der Reaktion

$$M_{aq}^{z+} + ze = M_{gas}.$$

Diesen Vorgang kann man auch etwas anders erklären: Das Elektron stellt einen extrem kovalenten „Liganden" dar, und seine Bindung unter Bildung eines isolierten nichtsolvatisierten Metallatoms kann als Modell der Bildung einer kovalenten Donor-Akzeptor-Bindung dienen.

In Tab. 5 sind die elektrostatischen und kovalenten Bindungskriterien einer Reihe von Ionen angeführt. Als elektrostatisches Bindungskriterium wählten wir das Verhältnis z^2/r, das mit ε bezeichnet wird.

Für die Ionen der Biometalle schwankt dieses Verhältnis in engen Grenzen: zwischen 0,75 und 1,02 für einfach und 3,8—5,1 für doppelt geladene Ionen. Das besonders toxische Be^{2+} ist durch einen sehr hohen Wert von ε (11,74) gekennzeichnet.

Tabelle 5: Elektrostatische und kovalente Bindungskriterien (C) einiger Ionen [21, 22]

Ion	$\varepsilon = z^2/r$	$C = I - L$ [kcal]	Ion	$\varepsilon = z^2/r$	$C = I - L$ [kcal]
Li^+	1,28	−3	Sr^{2+}	3,15	33
Na^+	1,02	17	Ba^{2+}	4,82	31
K^+	0,75	19	Zn^{2+}	4,82	135
Rb^+	0,67	21	Cd^{2+}	3,88	158
Cs^+	0,61	28	Hg^{2+}	3,57	220
Ag^+	0,88	58	Pb^{2+}	3,03	156
Tl^+	0,67	59	Mn^{2+}	4,40	83
H^+	–	48	Fe^{2+}	4,82	88
Be^{2+}	11,74	34	Co^{2+}	4,88	76
Mg^{2+}	5,12	56	Ni^{2+}	5,12	84
Ca^{2+}	3,78	28	Cu^{2+}	4,88	137

Nach ihrem kovalenten Charakter unterteilen sich die in Tab. 5 angeführten Biometalle deutlich in drei Gruppen:

1. Niedrige Werte des Kovalenzkriteriums ($\sim$ 20 für einfach und $\sim$ 30 für doppelt geladene Ionen);
2. mittlere Werte des kovalenten Bindungskriteriums (75–90 für doppelt geladene Ionen);
3. hohe Werte des kovalenten Bindungskriteriums ($\sim$ 60 für einfach und mehr als 135 für doppelt geladene Ionen).

Die erste Gruppe von Kationen tritt hauptsächlich mit Sauerstoff als Donor-Atom[1] in Bioliganden in Wechselwirkung. Die zweite Gruppe bildet leicht koordinative Bindungen mit Stickstoffligatoren, bewahrt aber die Fähigkeit zur Ausbildung von Donorbindungen mit Sauerstoffatomen. Die dritte Gruppe von Kationen schließlich bildet stabile Bindungen mit Schwefel- und (in ihrer Mehrzahl) auch mit Stickstoffligatoren (z. B. Kupfer, Zink, Cadmium und Quecksilber, aber nicht Blei).

Magnesium nimmt gemäß der Größe seines kovalenten Bindungskriteriums eine Zwischenstellung zwischen der ersten und der zweiten Gruppe von Kationen ein ($C_{Mg} = 56$); daher verfügt es über die Fähigkeit (im Gegensatz zu den anderen Elementen der zweiten Hauptgruppe des PSE) zur Bildung koordinativer Bindungen mit Stickstoffligatoren. Die Toxizität der Berylliumverbindungen ist augenscheinlich mit dessen sehr hohem elektrostatischem Bindungskriterium ($\varepsilon = 11{,}74$) verbunden.

---

[1] Allgemein ist die Bezeichnung Ligator für Donoratome von Liganden gebräuchlich, die künftig verwendet werden soll (*Anm. der Herausgeber*).

Die von uns vorgeschlagene Klassifizierung erinnert bis zu einem gewissen Grade an die Unterteilung der Kationen in harte und weiche Säuren nach Pearson [10], die jedoch bedeutend später entwickelt wurde. Tatsächlich gehören die Kationen der ersten Gruppe zu den harten Säuren, die Kationen der zweiten Gruppe nehmen eine Zwischenstellung ein, und die Kationen der dritten Gruppe gehören zu den weichen Säuren. Im Unterschied zu Pearson schlugen wir quantitative Kriterien sowie eine physikalische Begründung einer solchen Klassifizierung vor.

Der Vorzug der vorgelegten Klassifizierung besteht nicht nur darin, daß sie das Wesen der Selektivität bei der Komplexbildung erklärt (ionische Reagenzien treten in Wechselwirkung mit Kationen geringen kovalenten Charakters, und kovalente reagieren mit Teilchen von ausgeprägt kovalentem Charakter), sondern auch darin, daß diese Unterteilung auf quantitativer Grundlage durchgeführt wird und die Anwendbarkeitsgrenzen verschiedener Korrelationen festzustellen erlaubt: Die Anwendung von Stabilitätskorrelationen ist nur innerhalb der vorgegebenen Gruppe (erste, zweite oder dritte) von Liganden oder komplexbildenden Kationen zulässig.

Kapitel II

Ionen und Moleküle, die mit Biometallen in Wechselwirkung treten (Bioliganden)

Zahlreiche Moleküle und Ionen treten im Organismus mit Metallionen in Wechselwirkung. Viele von ihnen bezeichnet man deshalb auch als Lebensmoleküle [35].

Im Organismus gibt es eine vergleichsweise geringe Anzahl einfacher Moleküle, die an biochemischen Prozessen teilnimmt. Die Mehrzahl von ihnen bildet miteinander Makromoleküle (Biopolymere) von komplizierter Struktur. Die Eigenschaften dieser Makromoleküle hängen von der Natur der einfachen Moleküle ab, aus denen sie gebildet werden, von der Art ihrer Verknüpfung untereinander und von der räumlichen Struktur der sich bildenden Biopolymere. Ähnlich, wie sich ein Mosaik aus einer vergleichsweise geringen Anzahl von Strukturelementen aufbaut und sich trotzdem durch eine ausgesprochene Vielfalt an Farben, Kompositionen und Sujets auszeichnet, können auch die Moleküle von Biopolymeren außerordentlich mannigfaltig und an die Erfüllung verschiedenartigster Funktionen angepaßt sein. Man kann auch einen anderen Vergleich heranziehen: Aller Reichtum und alle Vielfalt der künstlerischen und wissenschaftlichen Literatur ist letztendlich nur aus den Buchstaben des Alphabets „zusammengesetzt".

Ionen und Moleküle, die zur Wechselwirkung mit Biometallen fähig sind (Makromoleküle eingeschlossen), werden wir *Bioliganden* nennen, obwohl sich dabei in einer Reihe von Fällen auch einfache (nichtkoordinative) Verbindungen bilden.

Mehr als 90% der Gesamtmasse der Zelle entfallen auf das *Wasser*, dessen Moleküle eine spezifische Winkelstruktur (der Winkel H⟍O⟋H ist ungefähr 105°) und ein Dipolmoment in der Größenordnung von 1,81D aufweisen. Die H—O-Bindungen sind polar, das Elektronenpaar der σ-Bindung ist nach der Seite des Sauerstoffatoms verschoben. Auf Grund der Polarität der Bindung $H^{\delta+}$—$O^{\delta-}$ und der Verfügbarkeit freier Elektronenpaare am Sauerstoffatom bilden sich zwischen den Wassermolekülen Wasserstoffbrückenbindungen aus.

Die Wassermoleküle gehen mit Metallionen Bindungen ein, wobei sich

Aquo-Komplexionen bilden. Das Ausmaß der Wechselwirkung von Ionen mit dem Lösungsmittel (Wasser) wird durch die Größe der Hydratationsenthalpie gekennzeichnet.

In der wäßrigen Phase der Zelle befinden sich sowohl einatomige bzw. zusammengesetzte *Anionen* (Cl^-, SO_4^{2-}, PO_4^{3-} u. a.), die mit den Biometallen in Wechselwirkung treten, als auch vergleichsweise einfache *organische Moleküle* (einfache Kohlenhydrate, Carbonsäuren, Ketosäuren usw.).

Eine der charakteristischsten Besonderheiten lebender Systeme ist die Bildung von *Makromolekülen* (Biopolymeren). Es existieren drei wichtige Typen von Biopolymeren: Polysaccharide, Eiweiße und Nucleinsäuren.

Die *Polysaccharide* sind Makromoleküle, die aus einer Vielzahl identischer, sich wiederholender Struktureinheiten aufgebaut sind. Solche Einheiten können zum Beispiel einfache Zucker (Glucose oder Fructose) sein.

Die wichtigsten Polysaccharide sind Stärke, Glycogen und Cellulose. Alle drei bestehen aus D-Glucose. Die Verschiedenheit der unterschiedlichen Polymere ist durch die Art der Verknüpfung der Struktureinheiten untereinander bedingt.

Die Glucose existiert in Lösung in Form zweier Gleichgewichtsformen, der α-D- und β-D-Glucopyranose:

D-Glucose (Aldehydform)

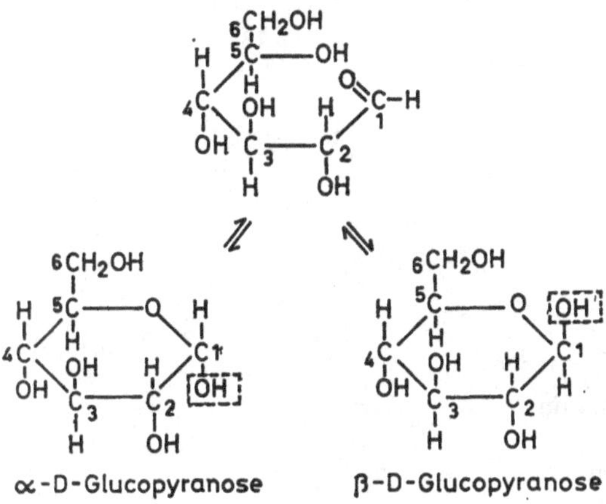

α-D-Glucopyranose β-D-Glucopyranose

Bei der Bildung der Polymeren werden die Kohlenstoffatome C-1 und C-4 mittels Sauerstoffatomen verknüpft.

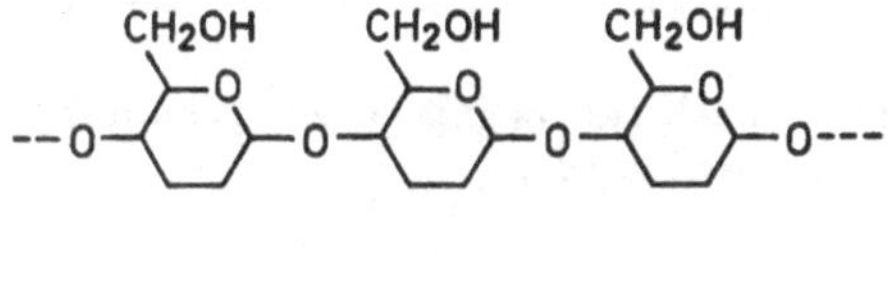

Wenn die Polymerkette durch α-Glucose gebildet wird, entstehen Polymere vom Typ der Stärke und des Glycogens; β-Glucose bildet dagegen Cellulose, deren Eigenschaften sich von denen der Stärke und des Glycogens wesentlich unterscheiden. Bei der Polymerisation der β-Formen wird eine unverzweigte Kette gebildet, die aber zum „Verkleben“[1] neigt. Bei der Bildung von Polymeren aus α-Glucose kann eine Verzweigung durch C-1—C-6-Verknüpfung auftreten.

Die Polysaccharide erfüllen eine Reihe wichtiger Aufgaben im Organismus: die Schaffung von Kohlenhydratvorräten (Stärke und Glycogen), den Aufbau fester Hüllen der pflanzlichen Zellen (Cellulose) usw. Die Polysaccharide (wie auch die einfachen Zucker) können mit einer Reihe von Metallionen Koordinationsverbindungen bilden. Allgemein bekannt ist zum Beispiel die Komplexbildung zwischen der Cellulose und Kupferionen, die bei der Herstellung von sogenannter Kupferseide industriell genutzt wird.

Hauptvertreter der Biopolymere in der Zelle sind die *Eiweiße*. Sie bilden sich als Folge der Kombination von 21 Aminosäuren[2], die alle den Grundbaustein einer α-Aminosäure

$$\begin{array}{c}\mathrm{R{-}CH{-}COOH}\\ |\\ \mathrm{NH_2}\end{array}$$

aufweisen und sich daher voneinander nur durch den Rest R unterscheiden. Die Bezeichnung der Aminosäure hängt von der Art des Restes R ab:

R	Bezeichnung
H	Glycin
CH_3	Alanin
$CH(CH_3)_2$	Valin
$CH_2CH(CH_3)_2$	Leucin
$CH\begin{matrix}\nearrow CH_3\\ \searrow C_2H_5\end{matrix}$	Isoleucin
$CH_2C_6H_5$	Phenylalanin
CH_2OH	Serin
$CHOHCH_3$	Threonin
CH_2SH	Cystein
$(CH_2)_2SCH_3$	Methionin

[1] Die einzelnen Ketten lagern sich bündelförmig zusammen, man spricht von einer Sekundärstruktur; diese ist durch Wasserstoffbrückenbindungen stabilisiert (*Anm. der Herausgeber*).

[2] Anzahl und Einteilung der Aminosäuren werden auch anders angegeben (siehe Rapoport, S. M.: „*Medizinische Biochemie*)“ (*Anm. der Herausgeber*).

R	Bezeichnung
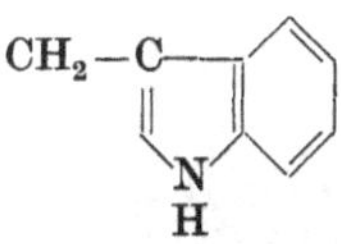	Tryptophan
$CH_2C_6H_4OH$	Tyrosin
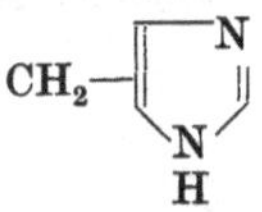	Histidin
CH_2COOH	Asparaginsäure
CH_2CONH_2	Asparagin
$(CH_2)_2COOH$	Glutaminsäure
$(CH_2)_2CONH_2$	Glutamin
$-(CH_2)_4NH_2$	Lysin
$(CH_2)_3CH\langle{}^{OH}_{NH_2}$	Hydroxylysin
$(CH_2)_3NH-C\langle{}^{NH}_{NH_2}$	Arginin

An Eiweißstrukturen können gleichfalls Cystin — ein Oxydationsprodukt des Cysteins

$$2\,HSCH_2-CH\langle{}^{NH_2}_{COOH} \rightarrow \left(\cdot SCH_2CH\langle{}^{NH_2}_{COOH}\right)_2 + 2\,H^+ + 2e$$

Cystein Cystin

und Prolin

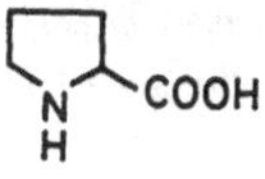

sowie Hydroxyprolin

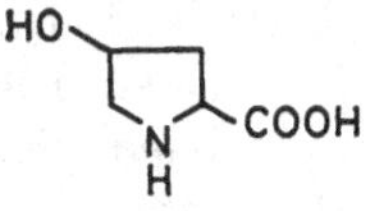

beteiligt sein.

Bei der Wechselwirkung von zwei oder mehreren Aminosäuren entstehen formal durch Kondensation Peptide.

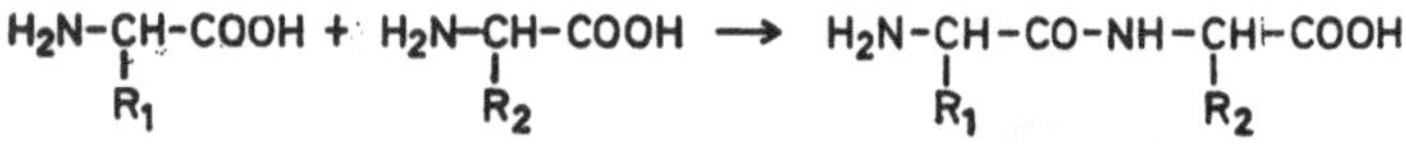

Strukturmerkmal der Peptide ist die Peptidbindung —CONH—. Das gebildete Dipeptid kann mit einem weiteren Aminosäuremolekül reagieren, dabei wird ein Tripeptid erhalten, usw. Im Ergebnis bilden sich langkettige Polypeptide:

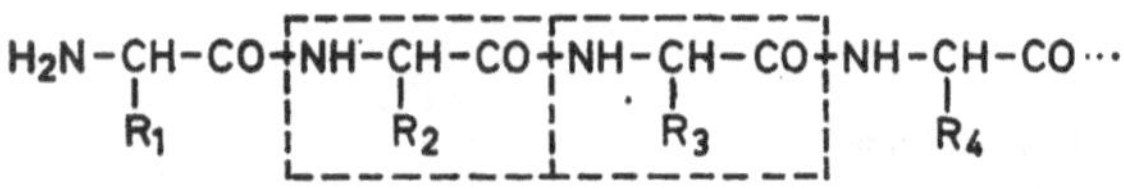

In diesen Ketten wiederholen sich ständig Glieder des Typs

$$\cdots\mathrm{HN{-}\underset{\displaystyle R}{\underset{|}{CH}}{-}CO}\cdots,$$

die sich voneinander durch den Rest R unterscheiden. Dabei können sich identische Reste R (gleiche Aminosäuren) beliebig oft wiederholen.

Ähnlich, wie man aus den Buchstaben des Alphabets eine Vielzahl von Kombinationen (im Sonderfall — Wörter) erhalten kann, so kann man aus der relativ geringen Anzahl nativer Aminosäuren eine unvorstellbar große Anzahl unterschiedlicher Eiweiße erhalten [4, 35].

Die Zusammensetzung und die Sequenz der α-Aminosäuren in den Polypeptidketten bestimmt die sogenannte Primärstruktur der Eiweiße.

Als Sekundärstruktur der Eiweiße bezeichnet man die Konformation einer Polypeptidkette. Häufig anzutreffen ist die α-Helix, in der die $>$C=O-Gruppe des Restes der einen Aminosäure eine Wasserstoffbrückenbindung mit der NH-Gruppe einer anderen Aminosäure bildet: $>\mathrm{C{=}O}\cdots\mathrm{HN}<$. Dabei erinnert die Helix der Polypeptidkette an eine Schraube, die 3,7 α-Aminosäure-Bausteine pro Windung enthält. Die zweite, recht selten anzutreffende Konformation ist als β-Faltblatt-Struktur bekannt. Sie besteht aus mehreren gestreckten, nicht helixförmigen Polypeptidketten.

Ein Proteinmolekül (Eiweiß) hat gewöhnlich eine globuläre (kugelförmige), seltener eine fibrilläre (faserförmige) Gestalt. Die α-Helices des Eiweißes rollen sich auf streng definierte Weise zu Knäueln zusammen, wodurch die sogenannte Tertiärstruktur bedingt wird. Die Art des globulären Zusammenrollens der Helix wird durch die Kontaktabstände zwischen den Ketten bestimmt. Ein solcher Kontakt kann durch hydrophobe Wechselwirkungen (zwischen aromatischen Substituenten), durch Bildung von Disulfidbrücken, Wasserstoffbrückenbindungen oder infolge ionischer Wechselwirkungen entstehen.

In vielen Fällen lagern sich sogenannte Proteinsubeinheiten durch nichtkovalente Wechselwirkungen zu einem größeren Komplex zusammen. Derartige Assoziate bedingen die Quartärstruktur von Eiweißen. Der exakte Bau von Proteinen kann mit den Methoden der Röntgenstrukturanalyse ermittelt werden.

Aminosäuren, Peptide und Proteine können mit Metallionen in Wechselwirkung treten, wobei sich Koordinationsverbindungen bilden.

Einige Proteine enthalten neben Aminosäuren auch andere Gruppen, wie z. B. *Porphinderivate.*

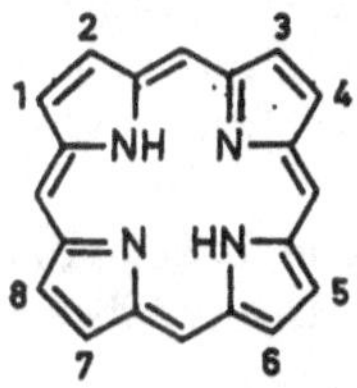

In den Positionen 1 bis 8 teilweise oder total substituierte Porphine heißen Porphyrine. Das wichtigste Derivat ist das Protoporphyrin (1, 3, 5, 8 – Methylgruppen (CH_3), 2, 4 – Vinylgruppen ($CH{=}CH_2$), 6, 7 – CH_2CH_2COOH).

Charakteristisch für die Porphine und Porphyrine ist ihre Fähigkeit, Metallionen komplex zu binden. Die beiden Wasserstoffatome der NH-Gruppen können dabei durch Fe^{2+}, Mg^{2+}, Cu^{2+}, VO^{2+} u. a. ersetzt werden. Die Porphyrine verbinden sich mit den Eiweißen (z. B. in den Cytochromen) über verschiedene funktionelle Gruppen.

Die Abstände C—C, C—H und der Durchmesser des „Fensters" (s. S. 30) im Porphyrinring sind mit einer Genauigkeit bis auf ein Hundertstel Å bestimmbar. Die Abstände Metall—Stickstoff schwanken in geringen Grenzen. So ist der Abstand Fe—N gleich 2,10 Å, und der Abstand Ni—N – 1,95 Å.

Die Koordinationszahl in Porphyrinkomplexen ist vier, und die sich bildenden Komplexe weisen planare (quadratische) Struktur auf, obwohl sich in einigen Fällen das Zentralatom bis zu einer Höhe von 0,5 Å aus der Ebene des Porphyrins heraushebt.

Außer der quadratischen läßt sich in Porphyrinkomplexen auch eine pyramidale (Koordinationszahl 5) und eine oktaedrische bzw. bipyramidale (Koordinationszahl 6) Koordination beobachten. In den Stellungen 5 und 6 werden häufig auch Wasser- und Imidazolmoleküle koordiniert.

Alle Porphyrine besitzen eine Reihe intensiver Banden im Absorptionsspektrum, deren Lage von der Natur der Substituenten und des Metalls abhängt. Gewöhnlich unterscheidet man drei Banden: α, β, γ; die intensivste von ihnen ist die γ-Bande, die sich im Frequenzgebiet um 25000 cm^{-1} befindet und die man häufig als SORET-Bande bezeichnet.

Die Eiweiße, die Eisenkomplexe von Porphyrin enthalten (sogenannte Hämoproteine), haben Anteil an vielen lebenswichtigen Prozessen. Zu ihnen gehören beispielsweise Hämoglobin, Myoglobin, Katalase, Peroxydase, Cytochrome. Im Chlorophyll ist das Magnesiumion ins „Fenster" des Tetrapyrrolringes eingebaut. Im Turacin ist Kupfer im Porphyrinring koordinativ fixiert.

Eine sehr wichtige Klasse von Biopolymeren stellen die *Nucleinsäuren* dar.[1] Diese Verbindungen erfüllen Funktionen, die mit der Konservierung und Vererbung von biologischen Informationen verbunden sind. In diesen Makromolekülen sind alle wichtigen „Mitteilungen" für die Synthese der vielgestaltigen Proteine, die für einen gegebenen Organismus notwendig sind, codiert. Ähnlich wie die Polysaccharide aus einfachen Zuckern und die Proteine aus Aminosäuren aufgebaut sind, werden die Nucleinsäuren aus Nucleotiden gebildet.

Nucleotide enthalten drei Komponenten: eine heterocyclische Base (vom Purin- oder Pyrimidintyp), ein Monosaccharid (Ribose oder Desoxyribose) und einen Phosphorsäurerest.

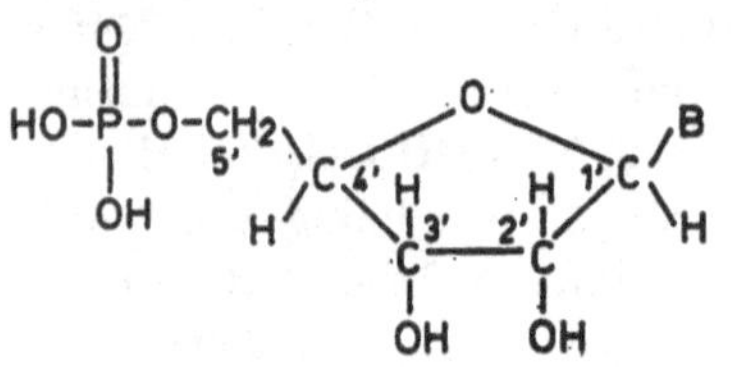

(B= Stickstoffbase)

Stickstoffbasen können sein:

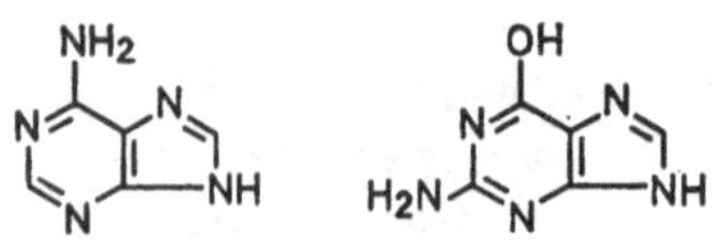

Adenin Guanin

(Basen der Purinreihe)

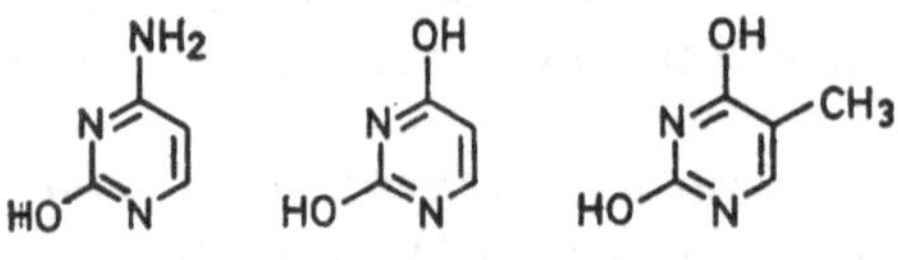

Cytosin Uracil Thymin

(Basen der Pyrimidinreihe)

---

[1] Siehe auch GEISSLER, E.: „*Desoxyribonucleinsäure — Schlüssel des Lebens*", Akademie-Verlag, Berlin 1970; BEYERSMANN, D.: „*Nucleinsäuren*", Deutscher Verlag der Wissenschaften, Berlin 1975 (*Anm. der Herausgeber*).

Die Desoxyribose unterscheidet sich von der Ribose dadurch, daß am zweiten Kohlenstoffatom die Hydroxylgruppe durch ein Wasserstoffatom ersetzt ist:

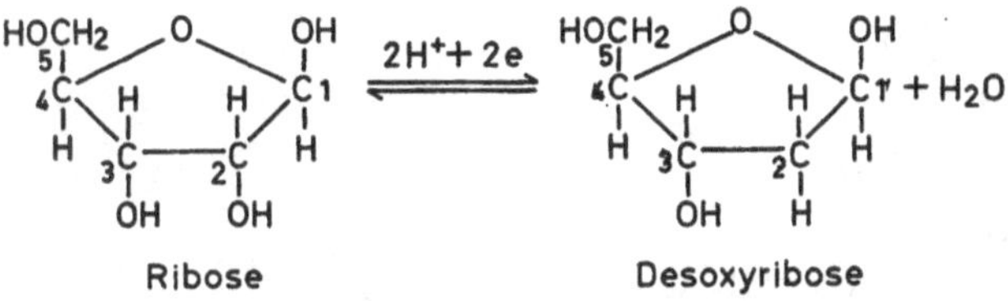

Die Nucleinsäuren lassen sich in zwei Gruppen einteilen: in *Ribonucleinsäuren* (RNS), die Ribose, und in *Desoxyribonucleinsäuren* (DNS), die Desoxyribose als Kohlenhydratkomponente enthalten.

Die RNS-Moleküle enthalten im allgemeinen vier verschiedene Basen: Adenin, Guanin, Cytosin und Uracil; die DNS-Moleküle dagegen enthalten Adenin, Guanin, Cytosin und Thymin. Folglich sind drei der vier Basen gemeinsamer Bestandteil beider Säuren (Adenin, Guanin und Cytosin).

Nucleinsäuren sind Makromoleküle, die aus einer großen Anzahl (80 bis 10^6) linear miteinander verknüpfter Nucleotide aufgebaut sind. Man bezeichnet sie daher als Polynucleotide.

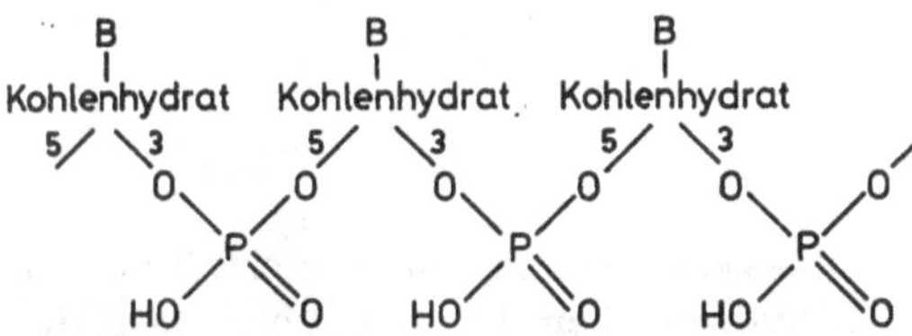

Jedes Kohlenhydrat ist durch die Kohlenstoffatome C-3 und C-5 über Sauerstoff mit der Phosphatgruppe verbunden.

Die Moleküle der Desoxyribonucleinsäure existieren in Lösungen in Form der sogenannten Doppelhelix. Dabei sind die Stickstoffbasen senkrecht zur Helixachse angeordnet und miteinander durch Wasserstoffbrückenbindungen verbunden. Die Phosphatgruppen sind nach außen gekehrt und gewöhnlich ionisiert, d. h., sie tragen eine negative Ladung. Das Vorhandensein der negativen Ladungen auf den DNS-Doppelsträngen führt zu ihrer gegenseitigen Abstoßung; was auch durch Temperaturerhöhung bewirkt wird („Schmelzen“ der DNS).

Viele Biometalle bilden Koordinationsverbindungen sowohl mit den Nucleotiden als auch mit den Nucleinsäuren.

Nucleotide spielen eine große Rolle in vielen lebenswichtigen Prozessen. Besonders hervorzuheben ist die Bedeutung von Adenosintriphosphat (ATP) zur Energiespeicherung bei den verschiedenartigsten biochemischen Prozessen.

Bei der Spaltung von ATP in Adenosindiphosphat (ADP) und Phosphationen wird gespeicherte Energie frei, die somit dem Organismus zur Verfügung steht.

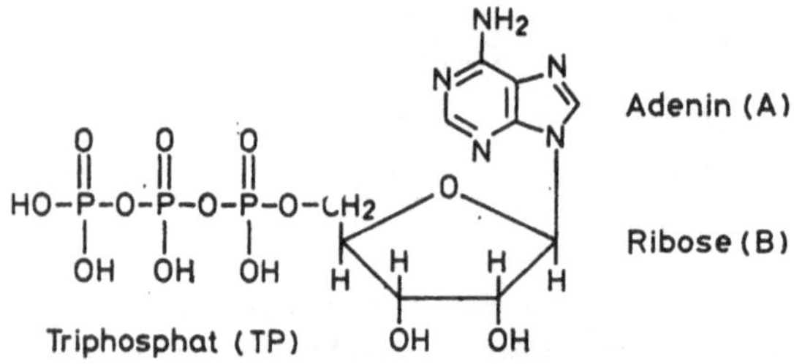

Eine wichtige Rolle in biochemischen Prozessen spielen weiterhin die *Lipide*[1], die nach folgendem Schema aufgebaut sind:

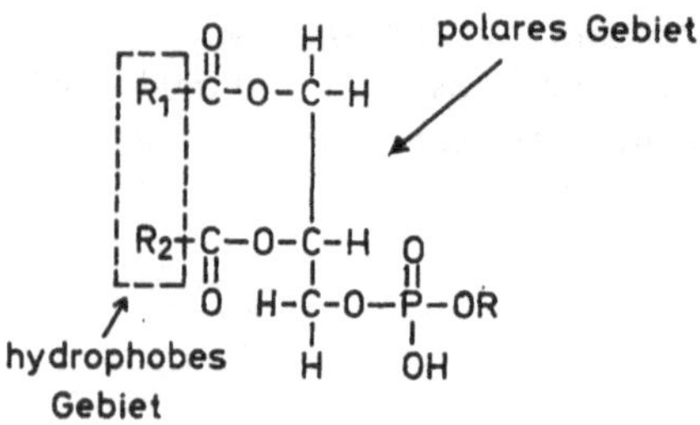

Phosphatide bestehen aus Kohlenwasserstoffresten, die zumeist 15 bis 17 Kohlenstoffatome enthalten und den hydrophoben Teil des Moleküls bilden, aus einem Glycerinmolekül, das Esterbindungen mit Fettsäuremolekülen und einem Phosphatrest bildet, der mit einer Base oder einem Alkohol (R) verbunden ist. Anstelle des Phosphatrestes können in den Lipiden auch Sulfat- oder Kohlenhydratgruppen enthalten sein. In Abhängigkeit von der Art des Säurerestes unterscheidet man Phosphatide, Sulfatide und Glycolipide. Lipide sind Bestandteile von Membranen und einigen anderen komplizierten Polymerstrukturen.

Die Lipidmoleküle können sich zu größeren Aggregaten — den sogenannten Mizellen — vereinigen, in denen die hydrophoben Gruppen untereinander durch hydrophobe Bindungen verknüpft sind, während die polaren Gruppen zur Außenseite der Mizelle gekehrt sind und somit mit den Komponenten der wäßrigen Lösung in Wechselwirkung treten können.

---

[1] Lipide werden in einfache Lipide (Fette) und komplexe Lipide (Lipoide) eingeteilt. Die hier vorgestellten Verbindungen zählen zu den Phosphatiden (*Anm. der Herausgeber*).

Die bisher betrachteten Wechselbeziehungen zwischen den verschiedenen Typen von Bioliganden kann man durch das folgende Schema illustrieren:

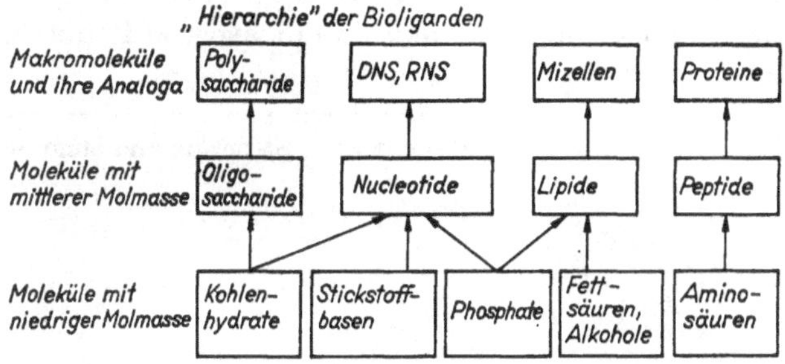

Auch verschiedene *Coenzyme* sowie *Vitamine* und andere organische Moleküle können als Bioliganden an lebenserhaltenden Prozessen beteiligt sein.

Zu den lebensnotwendigen Bioliganden gehören:

Ascorbinsäure:

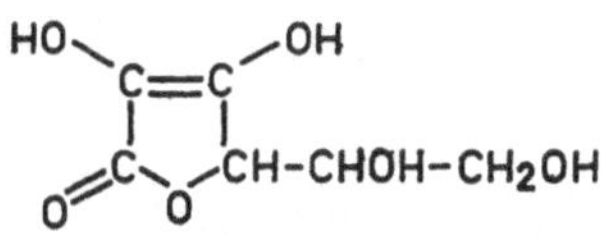

Riboflavin:

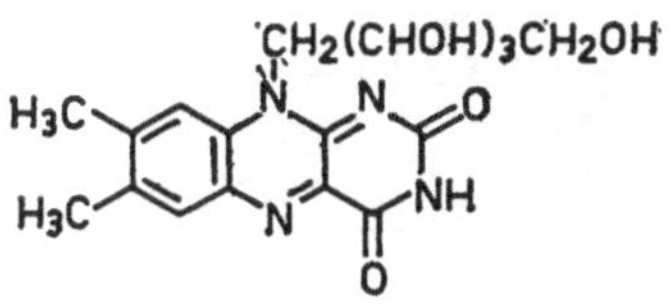

Nicotinamid

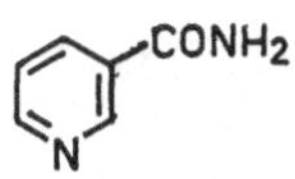

Pyridoxin

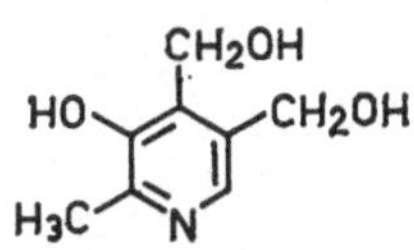

Liponsäure $HSCH_2CH_2CH(SH)-(CH_2)_4COOH$

Biotin

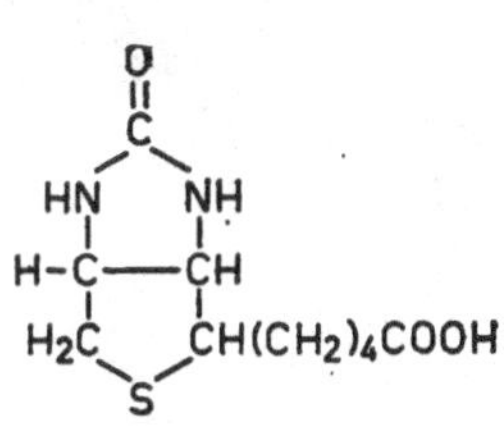

Die Wechselwirkung der in diesem Kapitel betrachteten Moleküle und Makromoleküle[1] mit Metallionen spielt eine außerordentlich wichtige Rolle in allen Lebensprozessen. Ohne eine solche Wechselwirkung sind die Aufrechterhaltung der nativen Struktur dieser Moleküle und ihre biologische Funktion nicht möglich.

---

[1] Siehe auch: THOMSON, A. E., WILLIAMS, R. E. P., RESLOVA, S.: Structure and bonding **11**, 1 (1972).

Kapitel III

Allgemeine Charakterisierung der Koordinationsverbindungen von Biometallen mit Bioliganden

Viele Biometalle bilden Koordinationsverbindungen mit Wasser und mit anderen Liganden, darunter mit Bioliganden.

Die Koordinationsverbindungen werden vor allem durch ihre *Koordinationszahl* charakterisiert, d. h., durch die Anzahl der Atome, die die nächste Umgebung des Zentralatoms — des Biometalls (des Komplexbildungsatoms) — darstellen.

Das Zentralatom und seine nächste Umgebung stellen die innere Sphäre (Koordinationshülle) der Koordinationsverbindung dar. Die Donatoratome des Liganden (sogenannte *Ligatoren*) verteilen sich im Raum in einer streng definierten Anordnung, wobei sie regelmäßige *geometrische Strukturen* (Tetraeder, Oktaeder, tetragonale Pyramide u. a.) bilden.

Typische Koordinationszahlen und Geometrien von Komplexen der Biometalle sind [10]:

Na^{+}	4 — Tetraeder; 6 — Oktaeder
K^{+}	6 — Oktaeder; 8 — angenähert Würfel
Mg^{2+}	6 — Oktaeder
Ca^{2+}	6 — Oktaeder; 8 — angenähert Würfel
Zn^{2+}	4 — Tetraeder; 5 — Pyramide, Bipyramide; 6 — Oktaeder
Mn^{2+}	4 — Tetraeder, Quadrat; 6 — Oktaeder; 5, 7 — komplizierte Geometrie
Fe^{2+}, Fe^{3+}	4 — Tetraeder, 6 — Oktaeder; 5, 7 — komplizierte Geometrie
Co^{2+}	4 — Tetraeder; Quadrat; 5 — trigonale Bipyramide; 6 — Oktaeder
Ni^{2+}	4 — Tetraeder, Quadrat; 5 — Pyramide, Bipyramide; 6 — Oktaeder
Cu^{2+}	4 — Quadrat, verzerrter Tetraeder; 5 — Pyramide, Bipyramide; 6 — tetragonale Bipyramide
Mo^{5+}	5 — Bipyramide; 6 — Oktaeder; 8 — Dodekaeder

Die angeführten Koordinationszahlen und die Geometrien der Komplexe werden jeweils unter ganz bestimmten Bedingungen realisiert. Oft bilden sich sogenannte Gemischtliganden-Komplexe, bei denen in der inneren Sphäre verschiedene Liganden koordiniert sind. Solche Komplexe spielen eine große Rolle beim biologischen Transport von Metallionen.

Die einfachsten Liganden (wie H_2O, NH_3, NR_3 u. a.) enthalten lediglich ein Donatoratom und werden als einzähnig bezeichnet. Kompliziertere Liganden können auf verschiedene Weise koordinieren. So wirken die Ionen NO_3^-, CO_3^{2-} oder $C_2O_4^{2-}$ entweder als *einzähnige* (über ein Sauerstoffatom) oder *zweizähnige* (über zwei Atome) *Liganden*.

Es sind auch Liganden bekannt, die über mehrere Ligatoratome koordinieren können (*mehrzähnige Liganden*). So kann beispielsweise das Äthylendiamintetraacetation $C_2H_4[N(CH_2COO)_2]_2^{4-}$ sechsfach (über vier Sauerstoff- und zwei Stickstoffatome) koordinieren. Die Möglichkeit der Bildung von zyklischen Komplexverbindungen mit mehrzähnigen Liganden (*Chelatbildung*) führt zu einer beträchtlichen Stabilitätserhöhung im Vergleich zu Komplexen mit einzähnigen Liganden („*Chelateffekt*").

Diese Aussage kann durch zahlreiche Beispiele belegt werden. Das vielleicht überzeugendste und auch am meisten angeführte Beispiel ist die starke Erhöhung der *Stabilität von Komplexen* mit Polyaminen als Liganden im Vergleich zur Stabilität von solchen mit Monoaminen.

So sind z. B. die Stabilitätskonstanten für Komplexe des Nickel(II) mit Ammoniak einerseits und mit einem zweizähnigen stickstoffhaltigen Liganden andererseits wesentlich voneinander verschieden.

$$Ni^{2+} + en \rightleftharpoons Ni(en)^{2+} \qquad \lg K = 7{,}5$$

$$Ni^{2+} + 2NH_3 \rightleftharpoons Ni(NH_3)_2^{2+} \qquad \lg K = 5{,}0$$

$$en = \begin{matrix} CH_2-CH_2 \\ | \qquad | \\ NH_2 \quad NH_2 \end{matrix}$$

Die Kombination dieser Gleichungen, die den eigentlichen „Chelateffekt"[1] charakterisiert, ergibt die Beziehung:

$$Ni(NH_3)_2^{2+} + en \rightleftharpoons Ni(en)^{2+} + 2NH_3$$

$$(\lg K = 2{,}5;\ \Delta H = -1{,}9 \text{ kcal mol}^{-1};\ \Delta S = 6{,}2 \text{ cal grd}^{-1} \text{ mol}^{-1})$$

Hieraus ist ersichtlich, daß der Chelateffekt nicht nur auf einen Entropieeffekt reduziert werden kann, sondern daß auch ein zusätzlicher Enthalpieeffekt betrachtet werden muß. Meist verbindet man den Enthalpieeffekt bei der Chelatbildung mit der gegenseitigen Abstoßung der Ligatoratome bei der Komplexbildung mit einzähnigen Liganden des Typs NH_3 und dem Nichtvorhandensein solcher Abstoßungskräfte bei der Komplexbildung mit Chelatliganden (die Abstoßung existiert bereits im „freien" Liganden). Man kann

---

[1] Ergänzende Literatur zum Chelateffekt: MUNRO, D.: Chem. in Brit. **13**, 71 (1977); MARTELL, A. E.: Experientia [Suppl. IX], 52 (1967) (*Anm. der Herausgeber*).

aber den Chelateffekt auch durch die geringere Solvatation eines Chelatliganden im Vergleich zur Solvatation zweier einzähniger Liganden erklären.

Einige Daten, die das Wesen des Chelateffektes ausweisen, sind in Tab. 6 angeführt. Diese Angaben bestätigen die von TSCHUGAEV aufgestellte „Zyklenregel". Als stabilste Komplexe erweisen sich solche mit 5gliedrigen Chelatringen (Oxalatokomplexe sind stabiler als Malonatokomplexe; Komplexe mit α-Aminosäuren sind stabiler als solche mit β-Aminosäuren). Wie aus Tab. 6 folgt, spielen sowohl Enthalpie- als auch Entropieeffekte eine wesentliche Rolle, obwohl der Beitrag des Enthalpieeffektes (ΔH) in der Regel wesentlicher ist.[1]

Tabelle 6: Thermodynamische Charakteristika von Komplexbildungsreaktionen des Typs $Ni^{2+} + L^n \rightleftharpoons NiL^{2-n}$ [30]

Reaktion	log K	ΔH $\left[\frac{kcal}{mol}\right]$	ΔS $\left[\frac{cal}{grd \cdot mol}\right]$	Zahl der Zyklen
$Ni^{2+} + C_2O_4^{2-}$	5,2	0,15	24,2	1
$Ni^{2+} + CH_2(COO)_2^{2-}$	4,1	1,88	25,0	1
$Ni^{2+} + H_2NCH_2CH_2COO^-$	4,7	−3,81	10,2	1
$Ni^{2+} + H_2NCH_2COO^-$	6,2	−4,14	14,4	1
$Ni^{2+} + HN(CH_2COO)_2^{2-}$	8,0	−5,05	20,0	2
$Ni^{2+} + N(CH_2COO)_3^{3-}$	11,3	−2,53	44,0	3
$Ni^{2+} + H_2NCH_2CH_2NH_2$	7,7	−9,05	4,0	1
$Ni^{2+} + (H_2NCH_2CH_2)_2NH$	10,5	−11,85	8,5	2
$Ni^{2+} + H_2NCH_2CH_2NHCH_2$ – $H_2NCH_2CH_2NHCH_2$ (verbunden über CH_2–CH_2)	13,7	−14,00	16,0	3

Die überwiegende Mehrzahl aller Biokomplexe liegen als 5gliedrige Chelatringe vor (Komplexe mit α-Aminosäuren, vielen Vitaminen, Dicarbonsäuren u. a.).

Einen großen Einfluß auf die Stabilität der Komplexe hat auch die Anzahl der gebildeten Chelatringe. Der Chelateffekt ist um so größer, je mehr solcher Ringe geeigneter Größe gebildet werden können.

Besonders günstige Möglichkeiten zur Ausbildung vieler Chelatringe ergeben sich im Falle *makrozyklischer Ligandensysteme* (z. B. Proteine und Nucleinsäuren).

[1] Siehe hierzu aber auch: SCHWARZENBACH, G.: Chimia **27**, 1 (1973); SCHWARZENBACH, G.: Wiss. Z. Karl-Marx-Univ. Leipzig, Math.-Naturwiss. Reihe **24**, 349 (1975) (*Anm. der Herausgeber*).

Schließlich wurde in den letzten Jahren ein sehr interessanter und wichtiger Effekt makrozyklischer Liganden entdeckt, der am anschaulichsten am Beispiel der Kupferkomplexe mit Tetraaminliganden demonstriert werden kann:

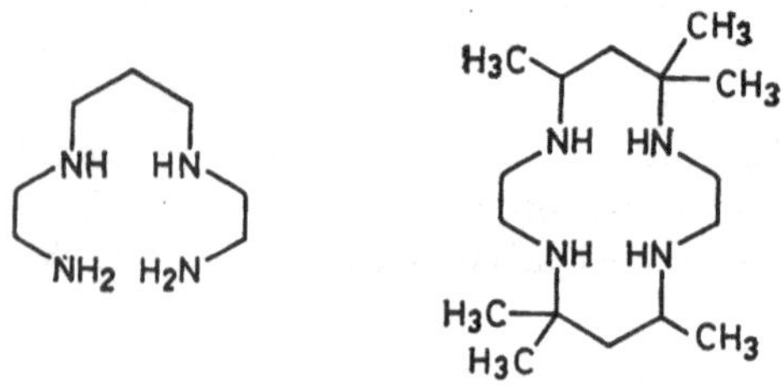

(L') (L")

$Cu^{2+} + L' \rightleftharpoons CuL' \quad \lg K = 23{,}9$

$Cu^{2+} + L'' \rightleftharpoons CuL'' \quad \lg K = 28$

Wie ersichtlich ist, führt die Koordination eines makrozyklischen Ligandensystems mit gleichen Donoratomen zu einer Zunahme der Stabilität des Kupferkomplexes um 4 Größenordnungen.

Eine derartige Stabilitätszunahme ist vor allem auf einen Entropieeffekt zurückzuführen (vollständigere Dehydratisierung beim Eintritt des Metallions in den Makrozyklus bedeutet geringere konformative Veränderungen bei der Bildung des makrozyklischen Komplexes).

Hervorzuheben ist weiterhin, daß die Reaktionsgeschwindigkeit beim Eintritt des Metalls in den Makrozyklus sich nur unbedeutend von der Geschwindigkeit bei der Koordination mit einem „gewöhnlichen" (einzähnigen) Liganden unterscheidet, während umgekehrt die Dissoziation eines Metalls aus dem Makrozyklus sehr langsam vonstatten geht. Die Änderung der Geschwindigkeitskonstanten führt zu einer starken Zunahme der Stabilitätskonstanten makrozyklischer Komplexe im Vergleich zu „gewöhnlichen" Komplexen.

Für die geometrische Charakterisierung der Komplexe mit makrozyklischen Liganden ist es zweckmäßig, die Vorstellung des „*Hohlraums*" (oder „Fensters" für ebene makrozyklische Liganden) einzuführen. Die Dimension des Hohlraums kann man auf verschiedene Weise bestimmen.

Zur Beschreibung des Hohlraums kann aber nicht nur seine Geometrie (Koordination der Donatoratome, die die Hohlräume bilden) herangezogen werden, sondern auch die elektronischen Eigenschaften der Donoratome („harte" Sauerstoffatome, „weiche" Schwefelatome und „border-line" Stickstoffatome) sind zu berücksichtigen. Die Ligatoratome des makrozyklischen Ringes treten in Abhängigkeit von ihrer räumlichen Anordnung sowie Elektronenstruktur unterschiedlich mit den Zentralmetallen, die sich im Hohlraum befinden, in koordinative Wechselwirkung.

Daher verfügen makrozyklische Liganden über eine erhöhte *Selektivität* gegenüber bestimmten Ionen.

Das Phänomen solcher Hohlräume ist außerordentlich wichtig für das Verständnis der bioanorganischen Chemie, da sich die überwiegende Mehrzahl der Biokomplexe durch Koordination des Biometalls in Hohlräume von Proteinen, Nucleotiden, Nucleinsäuren usw. bildet.

Einige Liganden vermögen auf unterschiedliche Weise zu koordinieren. Man bezeichnet sie deshalb als *ambidente Liganden.* Als Beispiel eines ambidenten Liganden kann man NCS^- anführen. Dieses Ion kann sowohl über Stickstoff als auch über Schwefel koordinieren.

Wichtigste thermodynamische Kenngröße einer Koordinationsverbindung ist, wie bereits erwähnt, die Stabilitätskonstante, d. h., die Gleichgewichtskonstante der Reaktion [14, 20]:

$$M^{z+} + nL \rightleftharpoons ML_n \qquad \text{(III.1)}$$

$$\frac{[ML_n]}{[M]\,[L]^n} = \beta_n \qquad \text{(III.2)}$$

Neben der *Bruttostabilitätskonstanten* β_n existieren für stufenweise Komplexbildung noch konsekutive oder *individuelle Komplexstabilitätskonstanten* K_n:

$$K_n = \frac{[ML_n]}{[ML_{n-1}]\,[L]} \qquad \text{(III.3)}$$

Die einfachste der individuellen Stabilitätskonstanten ist K_1, d. h., die Gleichgewichtskonstante der Reaktion

$$M + L \rightleftharpoons ML \qquad \text{(III.4)}$$

In diesem Fall ist

$$K_1 = \beta_1 \qquad \text{(III.5)}$$

Die verbreitetste Methode zur Bestimmung der Stabilitätskonstanten von Koordinationsverbindungen ist die potentiometrische pH-Titration, die mit und ohne komplexbildende Metallionen durchgeführt wird. Dabei konkurrieren Protonen und Metallionen um den Besitz des Liganden. Bei der potentiometrischen pH-Titration laufen mindestens zwei Prozesse ab:

$$\mathrm{H}^+ + H_pL \rightleftharpoons H_{p+1}L^+ \qquad \text{(III.6)}$$

$$\mathrm{H}^+ + MLH_q \rightleftharpoons M^{z+} + H_{q+1}L \qquad \text{(III.7)}$$

(im einfachsten Fall ist $p = 0$ und $q = 0$).

Am häufigsten berechnet man die Komplexstabilitätskonstanten unter Benutzung einer der beiden Funktionen:

— der BJERRUMschen Bildungsfunktion (Komplexbildungsgrad)

$$\bar{n} = \frac{C_L{}^0 - [L]}{C_M{}^0} \tag{III.8}$$

— oder der Funktion der Komplexierung der freien Metallionen

$$\varphi = \frac{C_M{}^0}{[M]} \tag{III.9}$$

mit: $C_L{}^0$ und $C_M{}^0$ als Gesamtkonzentrationen des Liganden bzw. des Metalls, und $[L]$ und $[M]$ als ihre Gleichgewichtskonzentrationen

Diese Funktionen sind mit den Stabilitätskonstanten durch folgende Beziehungen verbunden:

$$\bar{n} = \frac{\beta_1[L] + 2\beta_2[L]^2 + 3\beta_3[L]^3 + \cdots}{1 + \beta_1[L] + \beta_2[L]^2 + \beta_3[L]^3 + \cdots} \tag{III.10}$$

$$\Phi = 1 + \beta_1[L] + \beta_2[L]^2 + \beta_3[L]^3 + \cdots \tag{III.11}$$

In beiden Fällen ist die Kenntnis der Gleichgewichtskonzentration des Liganden erforderlich. Im ersten Fall ($\bar{n}$) ist dies notwendig zur Berechnung sowohl des Komplexbildungsgrades $\bar{n}$ als auch der Stabilitätskonstanten ($\beta_1 \cdots \beta_n$), im zweiten Fall (Φ) geht die Gleichgewichtskonzentration der Liganden in die Gleichung ein. Bei großem Überschuß des Liganden ($C_L{}^0 \gg C_M{}^0$) kann man seine Gesamtkonzentration der Gleichgewichtskonzentration gleichsetzen.

In der Literatur existieren umfangreiche Angaben über Stabilitätskonstanten von Komplexen der Biometalle mit α-Aminosäuren (Tab. 7).

In allen Fällen wird dabei eine gleichbleibende *Stabilitätsreihenfolge* der einzelnen Biometalle beobachtet:

$$Ca^{2+} < Mg^{2+} < Mn^{2+} < Fe^{2+} < Cd^{2+} < Co^{2+} < Zn^{2+} < Ni^{2+} < Cu^{2+} < Fe^{3+}$$

Diese Reihenfolge wird so streng befolgt, daß man sie zur Korrelation und Überprüfung experimenteller Daten heranziehen kann [22, 23].

Die Mehrzahl der experimentellen Befunde läßt sich mit Geradengleichungen des Typs

$$pK_{ML'} = a + bpK_{ML} \tag{III.12}$$

beschreiben, wobei $pK_{ML'}$ und pK_{ML} die Logarithmen der Stabilitätskonstanten

Tabelle 7: Stabilitätskonstanten ($\log K_1$) von Biometallkomplexen mit α-Aminosäuren $\left(R-CH{<}^{COO^-}_{NH_2}\right)$

R	Name der Aminosäure	H^+	Ca^{2+}	Mg^{2+}	Mn^{2+}	Fe^{2+}	Co^{2+}	Ni^{2+}	Cu^{2+}	Zn^{2+}	Cd^{2+}	Fe^{3+}
$-H$	Glycin	9,78	1,38	~ 2	3,2	4,3	5,23	6,18	8,62	5,52	4,80	10,0
$-CH_3$	Alanin	9,87	1,24	1,96	3,02	—	4,82	5,96	8,5	5,21	4,20	10,4
$-CH(CH_3)_2$	Valin	9,62	—	—	2,84	3,39	—	5,45	7,92	5,00	4,57	9,6
$-CH_2CH(CH_3)_2$	Leucin	9,77	—	—	2,78	3,42	4,49	5,58	7,89	4,92	3,99	9,9
$-C_3H_7$	Norvalin	9,70	—	—	3,30	—	4,80	5,68	8,07	5,09	4,29	—
$-CH_2C_6H_5$	Phenylalanin	9,18	—	—	—	3,26	—	—	7,74	—	—	8,9
$-(CH_2)_3$[1])	Prolin	10,48	—	—	3,34	4,07	4,89	6,15	8,37	5,36	4,40	10,0
$-CH_2OH$	Serin	9,24	1,43	—	—	—	—	5,48	—	—	—	9,20
$-CH(OH)CH_3$	Threonin	9,00	—	—	—	3,30	—	—	—	—	6,3	8,6
$-CH_2SH$	Cystein	10,51	—	< 4	4,1	6,2	9,3	10,48	—	9,86	—	—
$-(CH_2)_2SCH_3$	Methionin	9,34	—	—	2,87	—	—	5,59	—	4,38	3,88	9,1
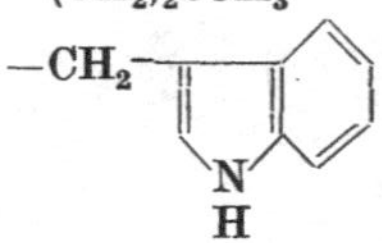	Tryptophan	9,55	—	—	2,88	3,43	—	—	—	—	—	9,0
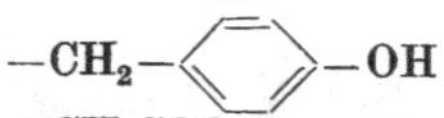	Tyrosin	10,07	1,48	~ 2	2,4	—	—	—	—	—	—	—
$-CH_2COOH$	Asparaginsäure	9,47	1,60	2,43	3,74	4,34	5,90	7,12	9,32	5,84	4,39	11,4
$-CH_2CONH_2$	Asparagin	8,85	—	—	—	—	4,55	5,88	7,78	—	—	8,6
$-(CH_2)_2COOH$	Glutaminsäure	9,95	1,43	1,9	3,3	4,6	5,06	5,90	7,85	5,45	4,78	12,1
$-(CH_2)_3NH_2$	Ornithin	10,67	—	—	< 2	3,09	4,02	4,85	6,90	4,10	3,70	8,7
$-(CH_2)_4NH_2$	Lysin	10,72	—	—	2,18	4,5	—	—	—	—	—	—
$-(CH_2)_3NHC(NH)NH_2$	Arginin	9,05	—	1,30	2,00	2,86	3,87	4,92	7,34	4,19	3,27	8,7
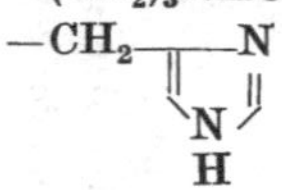	Histidin	9,16	—	—	3,58	5,85	6,65	8,69	10,56	6,63	5,75	4
$-CH_2CH(OH)CH_2$[1])	Hydroxyprolin	9,47	0,48	—	—	3,94	4,81	5,92	8,33	—	—	9,0

[1] vereinfachte Darstellung (s. S. 19).

der Komplexe des gegebenen Metalls mit den entsprechenden Liganden L' und L und a und b konstante Größen sind.

Auf der Abszissenachse trägt man zweckmäßigerweise die Werte pK_{ML} derjenigen Komplexe auf, deren Stabilitätskonstanten am genauesten bestimmt sind und deren Liganden L die einfachste Struktur aufweisen. Diesen Anforderungen entsprechen beispielsweise die Komplexe mit Glycin.

Die Korrelationsgleichung (III.12), die von uns im Jahre 1956 vorgeschlagen wurde [23], ist der HAMMET-TAFT-Beziehung analog, die in der organischen Chemie benutzt wird. Die Ursache einer derartigen Korrelation besteht offensichtlich darin, daß alle angeführten zweifach geladenen Ionen etwa gleich groß sind, die Ligatoratome (Sauerstoff und Stickstoff) ebenfalls identisch sind und demzufolge die Stabilitätsänderung der Komplexe in den angeführten Reihen wesentlich durch das COULOMB- und das Überlappungsintegral bestimmt werden, die sich gleichfalls in der angegebenen Reihenfolge ändern. Man muß allerdings annehmen, daß durch Veränderung der Ligatoratome diese Korrelation aufgehoben wird, wie dies beispielsweise bei der Bildung von Iodid-, Rhodanid- oder anderen Komplexen der Fall ist.

Die Stabilität der Biometallkomplexe mit den Aminosäuren ändert sich vergleichsweise wenig mit der Variation des Kohlenwasserstoffrestes R, aber sie kann sich wesentlich durch Einführung neuer funktioneller Gruppen in die Aminosäure ändern (besonders von Sulfhydryl- und Carboxylgruppen sowie Stickstoffheterozyklen). Besonders stark tritt dieser Effekt bei den Komplexen des Cobalts, Nickels, Kupfers und Zinks in Erscheinung.

Die Stabilitäten von Cobalt- und Zinkkomplexen sind auffallend ähnlich. Offensichtlich ist diese vergleichbare Stabilität eine der Ursachen für die

Tabelle 8: Stabilitätskonstanten ($\log K_1$) von Biometallkomplexen mit Peptiden, Glycinamid und Aminosäuren [20, 34]

Ligand	H^+	Ca^{2+}	Mg^{2+}	Mn^{2+}	Fe^{2+}	Co^{2+}	Ni^{2+}	Cu^{2+}	Zn^{2+}	Cd^{2+}	Fe^{3+}
Glycin	9,78	1,38	~2	3,2	4,3	5,23	6,18	8,62	5,52	4,80	10,0
Glycylglycin	8,1	1,24	1,34	2,2	2,62	4,49	3,49	6,6	3,80	3,33	9,1
Glycylglycylglycin	8,09	–	1,85	1,41	–	2,98	3,70	5,41	3,33	2,70	–
Glycinamid	7,99	–	–	1,5	–	2,71	4,18	5,5	3,28	–	–
Alanin	9,87	1,24	1,96	3,02	–	4,82	5,96	8,5	5,21	4,2	10,4
Glycylalanin	8,22	–	–	–	–	3,23	–	–	4,1	2,6	–
Alanylglycin	8,17	0,66	–	–	–	–	–	–	3,00	3,00	–
Alanylalanin	8,14	–	–	–	–	2,63	–	–	–	–	–
Leucin	9,77	–	–	2,78	3,42	4,49	5,58	7,00	4,92	3,99	9,9
Glycylleucin	8,38	–	–	–	–	–	–	6,10	3,6	3,1	–
Leucylglycylglycin	7,94	–	–	–	–	2,16	3,16	3,82	2,50	2,13	–

Möglichkeit des Austausches von Zinkionen in Enzymen gegen Cobaltionen, ohne daß eine wesentliche Änderung der katalytischen Eigenschaften des Enzyms zu beobachten ist.

In Tab. 8 sind die Stabilitätskonstanten von Biometallen mit Peptiden und Glycinamid aufgeführt. Aus den Daten der Tabelle folgt, daß sich beim Übergang von den Aminosäuren zu den Peptiden die Stabilität der Komplexe vermindert, obwohl die Aminosäuregruppierung bei den Peptiden erhalten bleibt. Die Stabilitätsreihenfolge der Komplexe in Abhängigkeit von der Natur des Metalls bleibt, wie zu erwarten, erhalten:

$$Ca^{2+} < Mg^{2+} < Mn^{2+} < Fe^{2+} < Cd^{2+} < Co^{2+} < Zn^{2+} < Ni^{2+} < Cu^{2+} < Fe^{3+}$$

Auch Korrelationsgleichungen vom Typ (III.12) erweisen sich als gültig, allerdings unterscheiden sich hier die Werte für a und b wesentlich.

In Tab. 9 sind die Stabilitätskonstanten von Metallkomplexen einiger heterozyklischer Stickstoffbasen, Nucleoside und Nucleotide angeführt.

Wie in den oben betrachteten Fällen erfolgt auch hier Koordination nur über Sauerstoff- und Stickstoffligatoren, und die Stabilitätsreihenfolge der Komplexe ist im Grunde unverändert.

In Tab. 10 sind Literaturdaten über Stabilitätskonstanten von Biometallkomplexen mit weiteren Bioliganden angegeben. Auf der Grundlage der Literaturangaben kann man schlußfolgern, daß die oben gekennzeichnete Stabilitätsreihenfolge der Biometalle im Falle der Komplexe mit Gluconsäure (die Stabilität der Ca^{2+}-Komplexe ist größer als die Stabilität der Mg^{2+}-Komplexe), Riboflavin, Riboflavinlipophosphat, Histamin und Imidazol gestört ist. Allerdings sind zufällige bzw. systematische Fehler bei den aus der Literatur bekannten Daten nicht auszuschließen.

Die Untersuchung der Komplexbildung mit makromolekularen Liganden wirft einige weitere Fragen auf, vor allem die nach der Ligandenkonzentration. Wenn das Makromolekül eine streng reguläre Struktur (regelmäßige Wiederholung von Bausteinen einer Kette) hätte, dann könnte man die Konzentration des Liganden mit der Anzahl der für die Reaktion mit dem Metallion freien Ligatoratome des Biopolymeren identifizieren. In erster Näherung kann man in den Gliedern der Nucleinsäuren wirklich Phosphatgruppen und Kohlenhydratreste als solche Bausteine erkennen, aber die unterschiedlichen Stickstoffbasen können eine verschiedene Affinität gegenüber diesem oder jenem Biometallion aufweisen.

In den Eiweißmolekülen gibt es terminale Aminogruppen, terminale Carboxylgruppen und Peptidgruppen (—CONH—), die z. B. zur Komplexbildung fähig sind. Infolge der Sekundär- und insbesondere der Tertiärstruktur von Eiweißen können reaktive Zentren entstehen, die die Koordination dieses oder jenes Biometallions besonders begünstigen.

Tabelle 9: Stabilitätskonstanten (log K_1) von Biometallkomplexen mit einigen Stickstoffbasen, Nucleosiden und Nucleotiden [20, 34]

Ligand Bezeichnung	Formel	H^+	Ca^{2+}	Mg^{2+}	Mn^{2+}	Fe^{2+}	Co^{2+}	Ni^{2+}	Cu^{2+}	Zn^{2+}	Cd^{2+}	Fe^{3+}
Adenin	$C_5H_5N_5$	9,83	—	—	—	—	−4,2	4,37	7,4	—	—	—
Adenosin	$C_{10}H_{13}O_4N_5$	3,6	—	—	−0,82	—	−0,30	−0,17	+0,87	−0,28	—	—
Adenosin-5′-monophosphat	$C_{10}H_{14}O_7N_5P$	6,45	1,43	1,69	2,19	—	2,64	2,84	3,18	2,72	—	—
Adenosin-2′-monophosphat	$C_{10}H_{14}O_7N_5P$	6,01	1,83	1,93	2,38	—	2,24	2,81	3,16	2,64	—	—
Adenosin-3′-diphosphat	$C_{10}H_{15}O_{10}N_5P_2$	5 83	1,80	1,89	2,28	—	2,20	2,79	2,96	2,60	—	4,2
Adenosin-5′-diphosphat	$C_{10}H_{15}O_{10}N_5P_2$	6,44	2,86	3,17	4,16	—	4,20	4,50	5,90	4,28	—	5,2
Adenosin-5′-triphosphat	$C_{10}H_{16}O_{13}N_5P_3$	6,53	3,97	4,22	4,52	—	4,86	5,02	5,82	4,85	—	5,4
Adenosintetraphosphat	$C_{10}H_{17}O_{16}N_5P_4$	6,79	—	4,22	—	—	—	—	—	—	—	—
Uracil	$C_4H_3O_2N_2$	9,3	—	—	—	—	—	—	4,5	—	—	—
Uridin	$C_9H_{12}O_6N_2$	9,2	—	—	—	—	—	—	4,2	—	—	—
Uridin-5′-monophosphat	$C_9H_{13}O_9N_2P$	—	—	1,69	—	—	—	—	—	—	—	—
Uridin-5′-diphosphat	$C_9H_{14}O_{12}N_2P_2$	7,16	—	3,44	—	—	—	—	—	—	—	—
Uridin-5′-triphosphat	$C_9H_{15}O_{15}N_2P_3$	9,5	3,71	4,02	4,78	—	4,55	—	—	—	—	6,53
Cytidin	$C_9H_{13}O_5N_3$	12,3	—	—	—	—	—	—	1,59	—	—	—
Cytidin-5′-monophosphat	$C_9H_{14}O_8N_3P$	6,35	—	—	—	—	—	—	—	2,54	—	—
Cytidin-5′-diphosphat	$C_9H_{15}O_{11}N_3P_2$	—	—	1,5	—	—	—	—	—	—	—	—
Cytidin-5′-triphosphat	$C_9H_{16}O_{14}N_3P_3$	5,97	3,81	4,01	4,78	—	4,78	—	—	—	—	6,18
Guanosin	$C_{10}H_{13}O_5N_5$	9,24	1,23	3,0	—	4,3	3,2	3,8	~ 6	4,6	4,0	—
Guanosinmonophosphat	$C_{10}H_{14}O_8N_5P$	—	—	1,76	—	—	—	—	—	—	—	—
Guanosindiphosphat	$C_{10}H_{15}O_{11}N_5P_2$	—	—	3,42	—	—	—	—	—	—	—	—
Guanosintriphosphat	$C_{10}H_{16}O_{14}N_5P_3$	9,6	3,58	4,02	4,73	—	4,63	—	7,7	—	—	—

Tabelle 10: Stabilitätskonstanten von Metallkomplexen mit einigen Bioliganden [20, 34]

Ligand	H^+	Ca^{2+}	Mg^{2+}	Mn^{2+}	Fe^{2+}	Co^{2+}	Ni^{2+}	Cu^{2+}	Zn^{2+}	Cd^{2+}	Fe^{3+}
Gluconsäure	3,86	2,16	0,70	—	—	—	—	—	1,70	—	—
$CH_2OH(CHOH)_4COOH$											
Ascorbinsäure	11,34	0,19	—	—	—	—	—	1,57	—	—	—
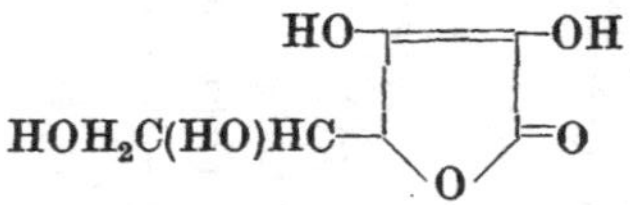											
Riboflavin	9,93	—	—	3,4	7,1	3,9	3,4	6	5,6	4,7	—
$C_{17}H_{20}O_6N_4$											
Riboflavinlipophosphat	89,88	—	—	5,74	—	5,80	5,27	8,27	6,02	—	—
Nicotinamid	—	—	—	—	1,0	—	1,49	1,84	1,1	—	—
$C_6H_6ON_2$											
Histamin	9,87	—	—	2,98	5,80	5,16	7,07	9,48	5,38	4,83	3,72
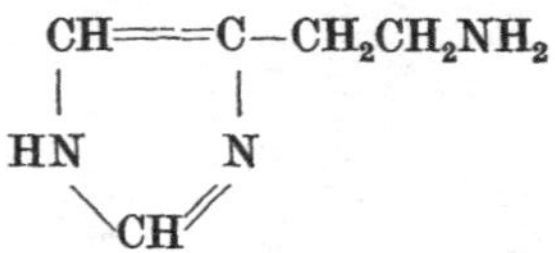											
Imidazol	7,06	0,08	—	1,65	3,20	2,47	3,09	4,31	2,57	2,70	—
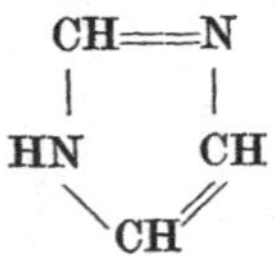											

Für Biopolymere der Struktur

$$\begin{array}{cccccccc} M^{z+} & & & M^{z+} & & & & M^{z+} \\ X & Y & X & Y & X & Y & X & Y \\ | & | & | & | & | & | & | & | \end{array}$$

ist es zweckmäßig, *lokale Stabilitätskonstanten* zu bestimmen, die Gleichgewichten des Typs

$$M^{z+} + [X] \rightleftharpoons [M^{z+}X] \qquad \beta_1{}^X = \{[MX]\}\,\{[X]\}^{-1}[M^{z+}]^{-1} \tag{III.13}$$

$$M^{z+} + [Y] \rightleftharpoons [M^{z+}Y] \qquad \beta_1{}^Y = \{[MY]\}\,\{[Y]\}^{-1}[Y^{z+}]\varepsilon^1 \tag{III.14}$$

zuzuordnen sind, wobei M^{z+} das freie Metallion ist, das sich in der Lösung befindet; $[X]$ und $[Y]$ sind die „Konzentrationen" der freien Ligatorgruppen im Biopolymeren; $[M^{z+}X]$ und $[M^{z+}Y]$ sind die „Konzentrationen" der mit dem Metallion verbundenen Ligatorgruppen X und Y.

Die lokalen (oder mikroskopischen) Stabilitätskonstanten können nur unter Anwendung solcher physikalisch-chemischer Methoden (Schwingungsspektroskopie, NMR u. a.) bestimmt werden, die es ermöglichen, Metallionen, die mit verschiedenen funktionellen Gruppen des Biopolymeren verbunden sind, zu unterscheiden, um auf diese Weise die „Konzentration" der freien Ligatorgruppen zu bestimmen. Wenn Biopolymere über eine vergleichsweise geringe Anzahl von zur Koordination befähigten Ligandengruppen verfügen, entstehen bei der Bestimmung der Gleichgewichtskonstanten Schwierigkeiten, die mit der Bestimmung der dazu erforderlichen sehr geringen Konzentrationsänderung der Metallionen verbunden sind. Solche kleinen Konzentrationsänderungen sind infolge der sehr niedrigen molaren Konzentration des Biopolymeren (hohe Molmasse) sehr schwer verfolgbar. In solchen Fällen erwiesen sich besonders nachweisstarke spezielle Methoden, wie die Katalymetrie [20, 26][1], als sehr praktikabel.

Einige Stabilitätskonstanten von Metallkomplexen mit DNS sollen als Beispiel angeführt werden:

Metallionen	Na^+	K^+	Mn^{2+}	Cu^{2+}	Fe^{3+}
lg K	−0,15	−0,1	4,10	4,11	5,4

Die Stabilitätskonstanten der Kupfer- und Eisenkomplexe sind mittels katalymetrischer Methoden bestimmt worden [26].

Bei der Bestimmung der Stabilitätskonstanten von Biometallkomplexen mit Proteinen durch potentiometrische pH-Titration entstehen zusätzliche

---

[1] Siehe hierzu auch: MÜLLER, H., WERNER, G.: Z. Chem. **16**, 304 (1976) (*Anm. der Herausgeber*).

Schwierigkeiten infolge einer möglichen Zerstörung der Tertiär- oder sogar der Sekundärstruktur durch pH-Wert-Änderungen. Dennoch konnten Stabilitätskonstanten von Biometallkomplexen mit Proteinen, wie z. B. Carboxypeptidase, durch Methodenvariation bestimmt werden. Man führte potentiometrische Messungen in Anwesenheit konkurrierender Ligandensysteme aus, um über diesen Umweg die gewünschten Stabilitätskonstanten berechnen zu können (Methode der Ligandenverdrängung). Im Falle der Carboxypeptidase wird die Stabilitätsreihenfolge verändert, denn die Zinkkomplexe erwiesen sich als die stabilsten (Tab. 11).

Natrium- und Kaliumionen bilden mit gewöhnlichen Liganden keine besonders stabilen Komplexe. Im Organismus lassen sich aber sogenannte Ionophore nachweisen, das sind solche Verbindungen, die für den *Ionentransport*[1], einschließlich des Transports durch die Lipidmembran, verantwortlich sind [13, 30] und mit Alkalimetallionen stabile Komplexe zu bilden vermögen.

Die in der Natur anzutreffenden Ionophore unterscheiden sich voneinander durch ihre Molmasse, die zwischen 200 und 2000 schwanken kann, sowie durch die monomeren Ausgangsverbindungen, aus denen die Oligomere bzw. Polymere gebildet werden.

Das erste isolierte Ionophor (Brokman, 1953) war das Antibiotikum Valinomycin, dessen Zusammensetzung und Struktur in den Jahren 1963 bis 1965 von Schemjakin und seiner Schule [13] gesichert wurde.

Valinomycin bildet überaus stabile und leicht transportable Komplexe mit Kalium, wähend mit Natrium keine stabilen Komplexe gebildet werden. Der Unterschied in den Werten der Stabilitätskonstanten ist größer 10^4.

Tabelle 11: Stabilitätskonstanten (log *K*) von Biometallkomplexen mit Carboxypeptidase und Carboanhydrase [31, 36]

Metall	Carboxypeptidase		Carboanhydrase	
	pH 8	unabh. vom pH	pH 5,5	unabh. vom pH
Mn^{2+}	5,6	–	3,8	–
Co^{2+}	5,8	10,1	7,2	–
Ni^{2+}	5,7	–	9,5	–
Cu^{2+}	5,1	–	11,6	–
Zn^{2+}	8,3	12,6	10,5	15,0
Cd^{2+}	7,9	12,8	9,2	–

Natürliche Ionophore enthalten Makrozyklen von 18 (Enniatin) bis 36 (Valinomycin) Atomen. Sie können aus Carbonsäureresten bestehen, die die

[1] Starzak, M. E.: J. chem. Educąt. 54, 200 (1977)

Alkalimetallionen über den Carbonylsauerstoff der Estergruppen koordinieren. Ein anderer Typ von Ionophoren bildet sich aus alternierenden Carbonsäure- und Aminosäureresten und gehört zur Gruppe der Depsipeptide:

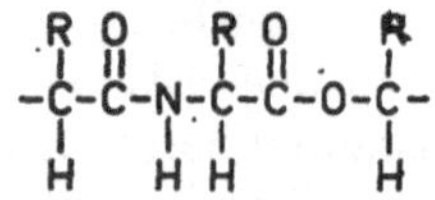

Die Depsipeptidketten können sich dabei zu Makrozyklen verknüpfen. Als Beispiel eines einfachen makrozyklischen Systems (18 Glieder) sei das Enniatin B angeführt, das aus Resten von N-Methylvalin und α-Hydroxyisovaleriansäure aufgebaut ist.

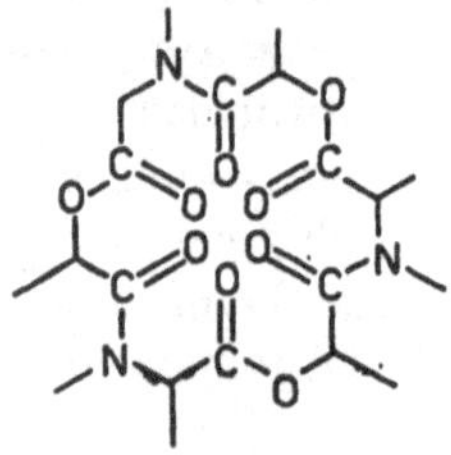

In diesem Makrozyklus fungieren die Carbonylsauerstoffatome der Ester- und Peptidgruppen als Ligatoratome. Im komplizierten 36gliedrigen Makrozyklus des Valinomycins, der sechs Aminosäure- und sechs Carbonsäurereste enthält, wirken die Carbonylsauerstoffatome der Amidgruppen als Ligatoratome, da sie eine größere Affinität zu den Alkalimetallionen besitzen. Schließlich können sich Ionophore auch ausschließlich aus Aminosäureresten bilden (Polypeptide). Einige Ionophore enthalten keine Makrozyklen und besitzen eine freie Carboxylgruppe.

In letzter Zeit wurden Analoga von Ionophoren aus der Gruppe makrozyklischer Polyether synthetisiert [13], die großes Aufsehen erregt haben. Zu ihnen gehören zyklische Polyether vom „Kronen"-typ (in erster Näherung zweidimensionale Liganden) und bizyklische „Kryptate" (dreidimensionale Liganden) [32].

Die Kronenether oder „Kronen" stellen makrozyklische Polyether dar. Ihre Kennzeichnung erfolgt so, daß man die Gesamtzahl der Atome angibt, die den Makrozyklus bilden, und danach die Anzahl der Heteroatome des Sauerstoffs im Polyether:

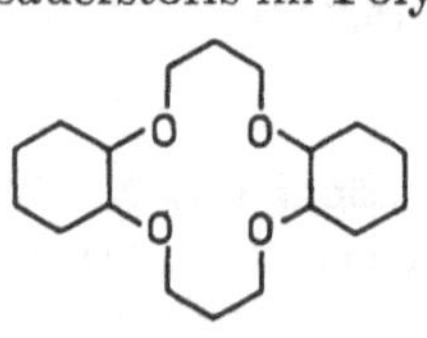

Dicyclohexyl [14] Krone-4

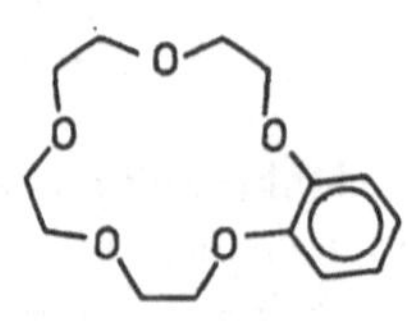

Benzo [15] Krone-5

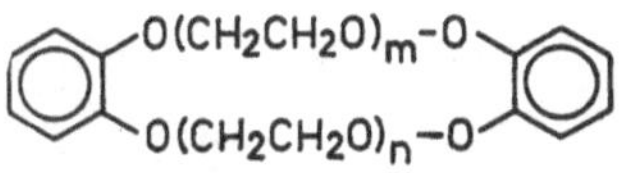

$m = n = 2$ Dibenzo[18]krone-6
$m = 2, n = 3$ Dibenzo[21]krone-7
$m = n = 3$ Dibenzo[24]krone-8
$m = n = 4$ Dibenzo[30]krone-10

Die Dibenzokronen zählen zu den am stärksten bearbeiteten Verbindungen dieser Stoffklasse. Einige ihrer Eigenschaften sind in Tab. 12 angeführt.

Tabelle 12: Durchmesser des „Hohlraums" („Fensters") der Kronen und Stabilitätskonstanten ihrer Verbindungen mit Alkalimetallionen in Methanol

Bezeichnung der „Krone"	Durchmesser des Hohlraumes [Å]	Logarithmen der Stabilitätskonstanten der Verbindungen der Kronen mit den Ionen		
		Na^+	K^+	Cs^+
Dizyklohexyl[14]krone-4	1,2–1,5	2,2	1,3	–
Benzo[15]krone-5	1,7–2,2	3,7	3,6	2,8
Dibenzo[18]krone-6	2,6–3,2	4,4	5,0	3,6
Dibenzo[21]krone-7	3,4–4,3	2,4	4,3	4,2
Dibenzo[24]krone-8	–	–	3,5	3,8
Dibenzo[30]krone-10	–	2,0	4,6	–

Wie aus Tab. 12 ersichtlich ist, hängen die Stabilitätskonstanten der Alkalimetallkomplexe dieser Verbindungen stark von der Größe des Hohlraumes ab. Im Prinzip kann man daher solche Verbindungen auswählen, die selektiv gegenüber den Ionen Li^+/Na^+ und Na^+/K^+ sind. Allerdings ist die Selektivität in bezug auf die Paare K^+/Rb^+ bzw. K^+/Cs^+ wesentlich geringer ausgeprägt.

Durch eine bedeutend größere Selektivität gegenüber den Alkali- und Erdalkaliionen zeichnen sich die „Kryptate" aus. „Kryptate" sind bizyklische Ether, bei denen Atome des tertiären Aminstickstoffs als „Endatome" auftreten (trizyklische Stickstoff-Sauerstoff-Makrozyklen).

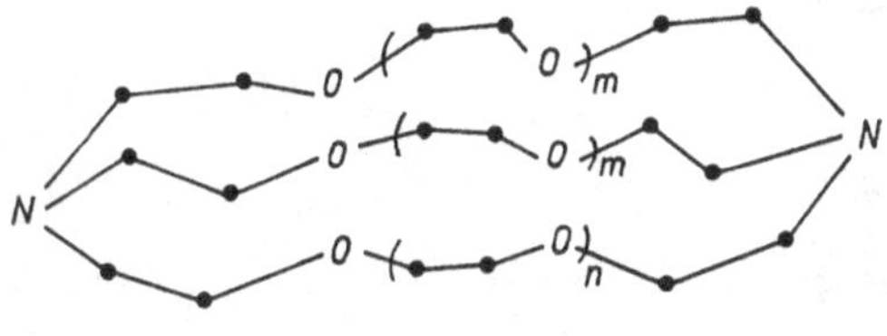

Tabelle 13: Einige Eigenschaften der Kryptate und ihrer Komplexe im Vergleich zum Valinomycin

Kryptat	Hohlraumdurchmesser [Å]	Zahl der Heterodonoratome (N o. O)	Logarithmen der Stabilitätskonstanten der Kryptatkomplexe (in Wasser)								
			Li^+	Na^+	K^+	Rb^+	Cs^+	Mg^{2+}	Ca^{2+}	Sr^{2+}	Ba^{2+}
(2, 1, 1)	1,6	5	5,3	2,8	$<2,0$	$<2,0$	$<2,0$		2,8	$<2,0$	$<2,0$
(2, 2, 1)	2,2	6	2,5	5,4	3,9	2,55	$<2,0$	$<2,0$	6,95	7,35	6,30
(2, 2, 2)	2,8	7	$<2,0$	3,9	5,4	4,35	$<2,0$	$<2,0$	4,4	8,0	9,5
(3, 2, 2)	3,6	8	$<2,0$	1,65	2,2	2,05	2,2	2,0	$\sim 2,0$	3,4	6,0
(3, 3, 2)	9	9	$<2,0$	$<2,0$	$<0,7$	$<2,0$	$<2,0$	$<2,0$	$<2,0$	$\sim 2,0$	3,65
(3, 3, 3)	4,8	10	$<2,0$	$<2,0$	$<2,0$	$\lesssim 0,5$	$<2,0$	$<2,0$	$<2,0$	$<2,0$	–
Valinomycin	–	6(6)	$<0,7$	0,67	4,90	5,26	4,41	–	–	–	–

In der Literatur sind bisher folgende „Kryptate" beschrieben worden:

$m = n = 0$ (1, 1, 1),

$m = 0, n = 1$ (2, 1, 1), $m = 1, n = 0$ (2, 2, 1)

$m = n = 1$ (2, 2, 2), $m = 1, n = 2$ (3, 2, 2)

$m = 2, n = 1$ (3, 3, 2), $m = n = 2$ (3, 3, 3)

Tabelle 13 zeigt, daß auch im Falle der Kryptate die Größe des Hohlraums die entscheidende Rolle bei der Komplexbildung spielt. So ist das (2, 1, 1)-Kryptat mit einem Hohlraumdurchmesser von 1,6 Å selektiv gegenüber Lithiumionen, das (2, 2, 1)-Kryptat reagiert selektiv mit Na^+, und das (2, 2, 2)-Kryptat ist durch eine ausgeprägte Affinität gegenüber Kaliumionen gekennzeichnet.

Ein natürlich vorkommendes Ionophor, das Valinomycin, ist bemerkenswert selektiv gegenüber Kaliumionen.

Die Stabilitätskonstanten charakterisieren in Kombination mit der Reaktionsenthalpie der Komplexbildung die Thermodynamik von Komplexbildungsreaktionen.

Die Kinetik der Bildungsreaktion von Koordinationsverbindungen zwischen Biometallen und Bioliganden ist bisher nur ungenügend untersucht. Viele Bildungs- und Dissoziationsreaktionen verlaufen im lebenden Organismus unter physiologischen Bedingungen sehr schnell. Man nimmt an, daß Ligandenaustauschreaktionen mit koordiniertem Wasser im ersten (geschwindigkeitsbestimmenden) Schritt vorherrschend sind, und das deshalb die Komplexbildungsreaktionen von Biometallen mit unterschiedlichen Liganden annähernd mit gleicher Geschwindigkeit ablaufen.

Einige Geschwindigkeitskonstanten k der Dissoziation von Wassermolekülen in Biometall-Aquokomplexen sind als Beispiele angeführt:

Ion	k [s^{-1}]	Ion	k [s^{-1}]
Na^+	$8{,}8 \cdot 10^7$	Mn^{2+}	$3 \cdot 10^7$
K^+	$1{,}5 \cdot 10^8$	Fe^{2+}	$3 \cdot 10^6$
Mg^{2+}	10^5	Co^{2+}	$2 \cdot 10^6$
Ca^{2+}	10^8	Ni^{2+}	$2 \cdot 10^4$
Zn^{2+}	$3 \cdot 10^7$	Cu^{2+}	$2 \cdot 10^8$
Cd^{2+}	$5 \cdot 10^9$		

Bemerkenswert sind die beträchtlichen Dissoziationsgeschwindigkeiten der Aquokomplexe von Alkalimetallen sowie des Calciums, Kupfers und

Cadmiums, während der Wasseraustausch bei den Nickel-Aquokomplexen wesentlich langsamer abläuft.

Man kann auch feststellen, daß die Geschwindigkeitskonstanten der Dissoziation von Komplexen mit makrozyklischen und speziell mit makrobizyklischen Liganden um einige Größenordnungen kleiner sind als die entsprechenden Dissoziationskonstanten von Komplexen mit einzähnigen Liganden.

Kapitel IV

Die chemische Bindung in Koordinationsverbindungen mit Biometallen. Besonderheiten der Elektronenstruktur der Komplexverbindungen von Übergangsmetallen [17, 18, 25][1]

Das Zentralatom einer Koordinationsverbindung steht mit den umgebenden Liganden infolge elektrostatischer Kräfte in Bindungswechselwirkung. Dabei korreliert die positive Ladung des Zentralatoms mit an den Liganden lokalisierten negativen Ladungen oder mit dipolaren Molekülen. Allerdings ist eine solche Beschreibung allein nicht einmal für die Komplexbildung mit Alkalimetallionen ausreichend.

Insbesondere zur Kennzeichnung der Bindungsverhältnisse von Übergangsmetallkomplexen spielen *kovalente Bindungen* eine entscheidende Rolle.

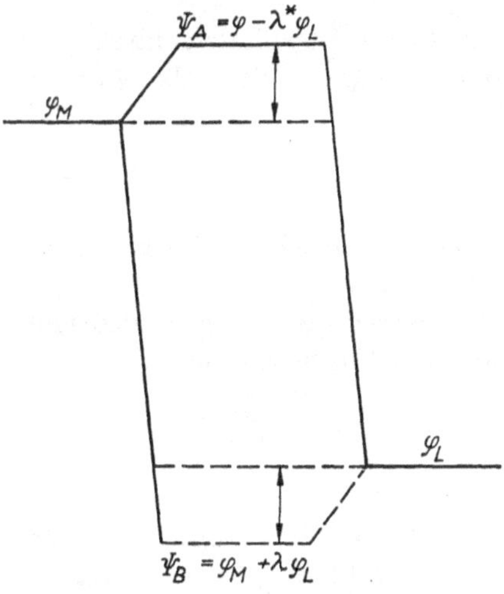

Abb. 1. Einfaches Schema der Bildung eines Molekülorbitals aus Metall- und Ligandenorbitalen
φ_M und φ_L — Atomorbitale; ψ_B und ψ_A — Molekülorbitale

In der überwiegenden Mehrzahl der Fälle bilden die freien Elektronenpaare des Ligatoratoms (Liganden) gemeinsame *Molekülorbitale* mit vakanten Orbitalen des Zentralmetalls φ_M (Abb. 1). Diese Orbitale werden durch die

[1] Siehe hierzu auch: Cotton, F. A., Wilkinson, G.: „*Anorganische Chemie*", Verlag Chemie, Weinheim 1974; Schläfer, H. L., Gliemann, G.: „*Einführung in die Ligandenfeldtheorie*", Akademische Verlagsgesellschaft, Leipzig 1967 (*Anm. der Herausgeber*).

Gleichungen

$$\Psi_B = N(\varphi_M + \lambda\varphi_L)\ (\lambda > 0), \tag{IV.1}$$

$$\Psi_A = N^*(\varphi_M - \alpha^*\varphi_L)\ (\alpha^* < 0), \tag{IV.2}$$

beschrieben, wobei Ψ_B und Ψ_A das *bindende* bzw. *antibindende Orbital* des Komplexes sind; N und N^* sind *Normierungsfaktoren*, φ_M und φ_L die wechselwirkenden Orbitale des Metalls bzw. des Liganden, λ und λ^* Koeffizienten des Ligandenatomorbitals.

Wenn *Zentralmetallorbitale* mit mehreren Ligandorbitalen in Wechselwirkung treten (sich überlappen), dann sind statt φ_L geeignete Linearkombinationen der Ligandenorbitale erforderlich (LCAO-Methode).

Bei der Bildung kovalenter Bindungen in Komplexverbindungen spielt die Überlappung der Orbitale des Zentralatoms und der Liganden eine sehr wesentliche Rolle. Diese wird durch die Größe des *Überlappungsintegrals* charakterisiert.

$$S = \int \varphi_M\varphi_L d\tau \tag{IV.3}$$

Wenn sich Metallorbitale mit mehreren Ligandenorbitalen überlappen, dann dienen sogenannte Gruppenüberlappungsintegrale G zur Beschreibung dieser Wechselwirkungen:

$$G = \gamma \int \varphi_M\varphi_L d\tau \tag{IV.4}$$

wobei γ ein Faktor ist, der das Orbital φ_M und die Geometrie des Komplexes berücksichtigt.

In erster und ziemlich grober Näherung kann man die Energieerniedrigung bei der Bildung des bindenden Orbitals auf folgende Weise ausdrücken:

$$\Delta E_B = H_L - E_{ML} = \frac{H_M{}^2G^2}{H_M - H_L}, \tag{IV.5}$$

wobei H_M und H_L die Coulomb-Integrale der Metall- bzw. Ligandenorbitale repräsentieren. Ihre Zahlenwerte kann man in recht grober Näherung den Ionisierungspotentialen gleichsetzen (siehe Kap. I).

Biometalle aus der Reihe der Nichtübergangsmetalle (Hauptgruppenelemente) verfügen über s- und p-Orbitale für koordinative Bindungen. Obwohl es nur vier solcher Orbitale (s, p_x, p_y, p_z) gibt, kann die Koordinationszahl in entsprechenden Komplexen 5, 6, 7 oder sogar 8 sein.

Zur Erklärung solch hoher Koordinationszahlen werden drei Möglichkeiten diskutiert:

1. Das Vorherrschen elektrostatischer (ionischer) Wechselwirkungen zwischen dem Zentralion und den Liganden, die, wie bekannt, nur durch geometrische Faktoren (Größe des Zentralions und der Liganden) begrenzt werden.
2. Die Einbeziehung höher gelegener *d*-Orbitale in die Bindungsbildung; eine solche Erklärung hat allerdings den Nachteil, daß diese *d*-Orbitale energetisch sehr hoch gelegen sind, etwa bei einem Ion wie Mg^{2+}.
3. Das Prinzip der Äquivalenz der Zahl der „Valenz"-Orbitale des Zentralatoms und der Koordinationszahl gilt nicht streng.

Bei der Analyse des Aufbaus von Komplexverbindungen unterscheidet man zwei Aspekte:

— die *geometrische Struktur* des Komplexes, d. h., die räumliche Lage des Zentralmetallatoms und der Ligatoratome der Liganden und
— den *elektronischen Aufbau* des Komplexes, d. h., die räumliche Verteilung der Elektronendichte, die durch die Eigenschaften der Molekülorbitale, durch die Koeffizienten der Atomorbitale, durch die effektiven Ladungen usw. bestimmt wird.

Die sicherste Methode zur Bestimmung der geometrischen Struktur von Koordinationsverbindungen ist die Röntgenstrukturanalyse.

Direkte bzw. indirekte Methoden zur Bestimmung der Elektronenstruktur können sein:

1. die Photoelektronenspektroskopie
2. die Schwingungsspektroskopie (IR- und RAMAN-Spektroskopie).

Diese Methoden beinhalten auch indirekt Informationen über die Molekülstruktur von Komplexverbindungen.

3. Die Kernresonanzspektroskopie (NMR)
4. Die MÖSSBAUER-Spektroskopie

Für Übergangsmetallkomplexe ist neben den bisher aufgezählten auch die Anwendung weiterer Methoden möglich:

— die Absorptionsspektroskopie im UV/VIS/NIR/-Bereich
— die Polarimetrie (Zirkulardichroismus, optische Rotationsdispersion)
— die Messung der magnetischen Suszeptibilitäten
— die Elektronenspinresonanzspektroskopie (ESR)
— die Untersuchung von paramagnetischen Verschiebungen in Kernresonanzspektren.

Die Anwendung der letztgenannten fünf Methoden auf die Untersuchung der Koordinationsverbindungen von Übergangsmetallen ist mit einigen Besonderheiten verbunden, die etwas näher betrachtet werden sollen.

In gasförmigen Ionen mit freien *d*-Elektronenzuständen sind alle fünf *d*-Orbitale energetisch entartet. Ein Ion mit der Elektronenkonfiguration d^1 ist durch einen fünffach entarteten *D*-Term charakterisiert. Das Elektron kann sich dabei in einem beliebigen der fünf identischen *d*-Orbitale befinden.

Werden Koordinationsverbindungen gebildet, dann befinden sich die *d*-Orbitale in einem durch die koordinierten Liganden erzeugten Feld, und ihre energetische Gleichartigkeit (*Entartung*) wird dadurch aufgehoben. Die Aufhebung der Entartung von *d*-Orbitalen in Komplexverbindungen kann auch anders erklärt werden. Die *d*-Orbitale bilden mit den Ligandenorbitalen Molekülorbitale unterschiedlicher Energie, die von der Größe des Überlappungsintegrals abhängt. Je nachdem, wie die Wechselwirkung zwischen Metallion und Liganden – und damit die Aufhebung der Entartung der *d*-Orbitale – beschrieben wird, unterscheidet man zwischen *Kristallfeldtheorie* (KFT) und *Ligandenfeldtheorie* (LFT). Die letztere wird anhand von Molekülzuständen (Molekülorbitalen) beschrieben.

Die Kristallfeldtheorie geht von drei Grundsätzen aus:

- Zwischen Zentralion und Liganden existieren rein elektrostatische Wechselwirkungen (*Ion-Ion-* oder *Ion-Dipol*-Wechselwirkungen).
- Die Ligandenatome werden als Punktladungen (oder als „punktförmige" Dipole) dargestellt.
- Die Orbitale des Zentralions werden separat betrachtet.

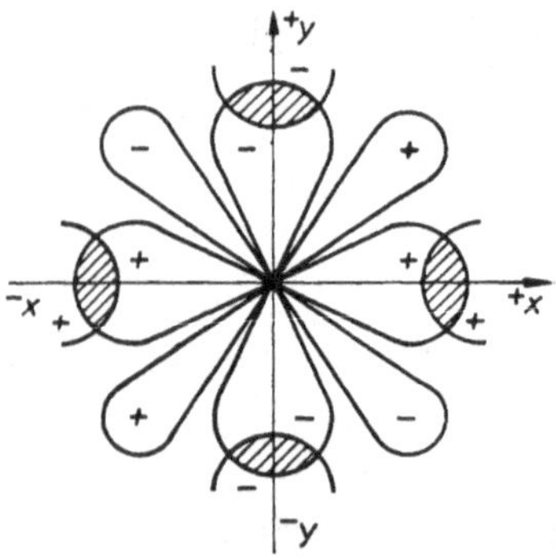

Abb. 2. Überlappung von *d*-Orbitalen nach dem σ-Typ in der *xy*-Ebene

Die Ursache für eine Aufspaltung der ursprünglich entarteten *d*-Orbitale beruht auf der Wirkung des von den Liganden induzierten elektrostatischen Feldes. So erweist sich bei einer Ligandenanordnung entsprechend Abb. 2, daß das $d_{x^2-y^2}$-Orbital energetisch höher (und damit ungünstiger) als das d_{xy}-Orbital liegt (Abb. 2).

Ein völlig analoges Bild sollte sich auch für die beiden anderen Ebenen (*xz* und *yz*) ergeben. Bei oktaedrischer Umgebung des Zentralions bilden sich zwei Arten von Orbitalen aus: zwei energetisch höher gelegene (entartete) Orbitale e_g[1] ($d_{x^2-y^2}$ und d_{z^2}) und drei energetisch niedriger gelegene entartete Orbitale $t_{2g}(d_{xy}, d_{xz}, d_{yz})$[1].

Die Kristallfeldtheorie schlägt eine Gleichung zur Berechnung der Größe der energetischen Aufspaltung der Orbitale vor. Diese Größe, die sogenannte KFS-Energie, auch als 10 Dq bezeichnet, kann im Falle einer rein ionischen Wechselwirkung berechnet werden zu:

$$\Delta = 10\,Dq = \frac{5}{3}\,\frac{Az\bar{r}^4}{a_L^5} \tag{IV.6}$$

oder

$$\Delta = 10\,Dq = \frac{5A\mu\bar{r}^4}{a_L^6} \tag{IV.7}$$

A — Energieumrechnungskonstante
$\bar{r}$ — mittlerer Radius des d-Orbitals
z — Ladung des Liganden
μ — Dipolmoment des Liganden
a_L — Abstand zwischen Zentralatom und Ligand

Da die Beziehungen (IV.6) und (IV.7) nur elektrostatische Wechselwirkungen berücksichtigen, in realen Komplexen aber stets kovalente Bindungsanteile auftreten, werden die unter Verwendung dieser Beziehungen erhaltenen Ergebnisse nur Näherungscharakter haben.

Betrachtet man die kovalenten Bindungswechselwirkungen vom σ-Typ gleichfalls in der xy-Ebene, so folgt, daß die σ-Ligandenorbitale, die sich auf den Koordinatenachsen befinden, nur mit den $d_{x^2-y^2}$-Orbitalen des Metallions überlappen können, nicht aber mit dem d_{xy}-Orbital, d. h., dieses Orbital erweist sich als nichtbindend (Abb. 3).

Ein analoges Bild wird auch in den beiden anderen Ebenen (xz und yz) beobachtet. Die nichtbindenden Orbitale d_{xy}, d_{xz} und d_{yz} werden als t_{2g} und die antibindenden Molekülorbitale, die von den $d_{x^2-y^2}$- bzw. d_{z^2}-Orbitalen herrühren mit e_g bezeichnet.

Die Berechnung der Größe der Aufspaltung $\Delta = 10\,Dq$ ist in diesem Fall recht kompliziert, aber in grober Näherung ist dieser Parameter nach Gl. (IV.5):

$$\Delta = 10\,Dq = \frac{H_L^2 g^2}{H_M - H_L}. \tag{IV.8}$$

Die Größe der Aufspaltung wird in diesem Falle von Faktoren bestimmt, die sich wesentlich von denen unterscheiden, die in der Kristallfeldtheorie be-

[1] Die Symbole für die Orbitalbezeichnung in Feldern unterschiedlicher Symmetrie werden der mathematischen Gruppentheorie entnommen.

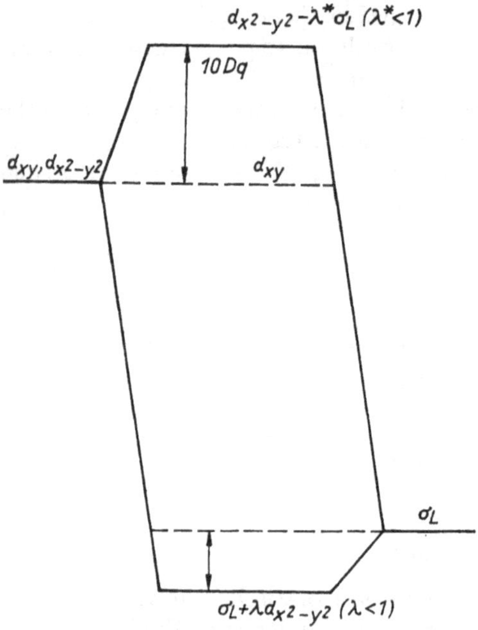

Abb. 3. Energieniveaudiagramm der Orbitale in der xy-Ebene

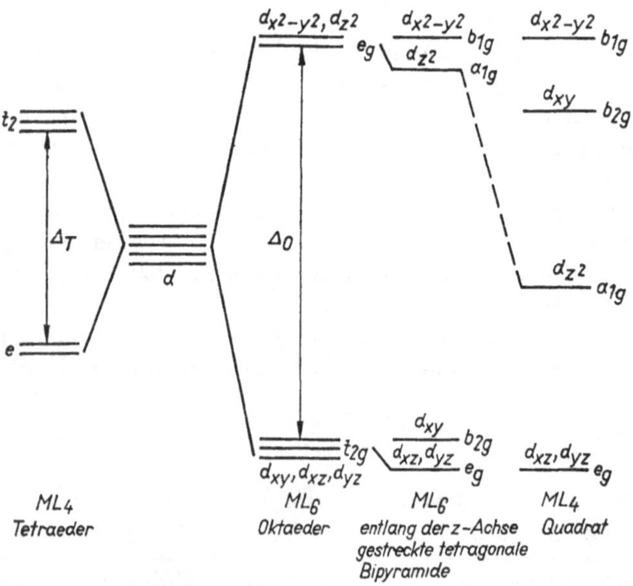

Abb. 4. Aufspaltung der d-Niveaus in Ligandenfeldern unterschiedlicher Symmetrie

rücksichtigt wurden. Dennoch ergibt sich, trotz der beiden unterschiedlichen theoretischen Ansätze, die gleiche Aufspaltung. Das beruht darauf, daß die Anzahl und die Symmetrie der Orbitale (z. B. t_{2g} und e_g) durch die Symmetrie der inneren Komplexsphäre bestimmt wird und nicht durch die Natur der Wechselwirkung Metallionen — Liganden.

Abbildung 4 zeigt schematisch die Aufspaltung der d-Orbitale in Feldern unterschiedlicher Symmetrie und Ligandenanzahl (4 und 6).

Die Größe der Aufspaltung ist bei gleichen Liganden im tetraedrischen Feld im Vergleich zum oktaedrischen Feld um 4/9 kleiner.

$$\Delta_T = \frac{4}{9}\,\Delta_O \qquad \text{(IV.9)}$$

Die Kristallfeldtheorie und die Ligandenfeldtheorie ermöglichen die Erklärung zahlreicher physikalischer und physikalisch-chemischer Eigenschaften von Koordinationsverbindungen der d-Übergangsmetalle, vor allem wird die Unterteilung in *high-spin-* und *low-spin-Komplexe* verständlich.

Wenn sich ein Elektronenpaar auf dem gleichen Orbital aufhält, dann wird zwischen beiden Elektronen eine starke Abstoßung auftreten, die in der sogenannten *Spinpaarungsenergie* ihren Ausdruck findet (Tab. 14).

Tabelle 14: Spinzustände der 3*d*-Biometalle

Metallion	Konfiguration	Verteilung der Elektronen auf die Orbitale t_{2g} und e_g und Zahl der ungepaarten Elektronen			
		high-spin-Komplexe		low-spin-Komplexe	
Mn^{2+}	d^5	$(t_{2g})^3(e_g)^2$	5	$(t_{2g})^5$	1
Fe^{3+}	d^5	$(t_{2g})^3(e_g)^2$	5	$(t_{2g})^5$	1
Fe^{2+}	d^6	$(t_{2g})^4(e_g)^2$	4	$(t_{2g})^6$	0
Co^{3+}	d^6	$(t_{2g})^4(e_g)^2$	4	$(t_{2g})^6$	0
Co^{2+}	d^7	$(t_{2g})^5(e_g)^2$	3	$(t_{2g})^6(e_g)^1$	1

Wenn die *Aufspaltungsenergie der Orbitale* (Δ) größer als die Spinpaarungsenergie ist, dann besetzen die Elektronen das niedrigste Energieniveau (im Falle oktaedrischer Komplexe das t_{2g}-Niveau). Dabei bilden sich Komplexe mit minimalem Spin (low-spin-Komplexe). Wenn allerdings die Aufspaltungsenergie vergleichsweise gering ist, dann besetzen die Elektronen beide Niveaus so, daß die Zahl der ungepaarten Elektronen maximal wird (high-spin-Komplexe). Die Spinpaarungsenergie ist nicht konstant, liegt aber annähernd um 20000 cm^{-1}.

Die Komplexe von Cu^{2+} besitzen bei beliebiger Symmetrie ein ungepaartes Elektron, Ni^{2+} besitzt in oktaedrischen Komplexen zwei ungepaarte Elektronen.

Die Auffüllung der niedriger gelegenen Orbitale (z. B. t_{2g} im oktaedrischen Feld) mit Elektronen ist bei ansonsten unveränderten Bedingungen energetisch günstiger als die Besetzung der energetisch höheren e_g-Orbitale.

Trotzdem zeigt sich bei einer Betrachtung der Stabilitätsreihenfolge von Komplexen in der Reihe [1]

$Mn^{2+} < Fe^{2+} < Co^{2+} < Ni^{2+} < Cu^{2+} > Zn^{2+}$

kein monotones Anwachsen. So sind Zinkkomplexe z. B. weniger stabil als analoge Komplexe des Nickels und Kupfers; bei einer regulär oktaedrischen Umgebung sollten Nickelkomplexe aber stabiler sein als die entsprechenden Kupferkomplexe. Der beobachtete Effekt einer zusätzlichen Stabilisierung auf Kosten einer ungleichmäßigen Elektronenverteilung wird als *Ligandenfeldstabilisierungsenergie* (LFSE) bezeichnet. Die Ligandenfeldtheorie schließt in ihre Betrachtungen auch Komplexe mit π-Bindungen ein, die mittels der Kristallfeldtheorie nicht behandelt werden können. π-Bindungen sind möglich, wenn in der xy-Ebene die Ligatoratome über p-Orbitale verfügen, die mit dem xy-Orbital des Metallatoms in Wechselwirkung treten können.

Dabei sind zwei Fälle zu unterscheiden:

Erster Fall: Das Metallorbital ist leer, während das Ligandenorbital durch ein Elektronenpaar besetzt ist. Die Energie des Liganden-p-Orbitals ist niedriger als die Energie des Metall-d-Orbitals. In diesem Fall bilden sich zwei gemeinsame Molekülorbitale: das gefüllte ist vorwiegend am Liganden lokalisiert, das leere (bzw. teilweise besetzte) am Metall. Eine π-Bindung dieses Typs nennt man *π-Donorbindung.*

π-Bindungen können sich in allen drei Ebenen (xy, xz und yz) ausbilden und verschiedene Symmetrieeigenschaften aufweisen. Im Falle einer oktaedrischen Koordination gehören die π-Orbitale zur Symmetrie t_{2g} (Abb. 5). Dabei erhöht sich die Energie des t_{2g}-Orbitals, und die Differenz zwischen den Orbitalen t_{2g} und e_g ($\Delta = 10Dq$) verringert sich. Der hier betrachtete Bindungstyp ist charakteristisch für alle Liganden, deren Ligatoratome mehr als ein freies Elektronenpaar besitzen (OH_2, ROH, Cl^-, Br^-, I^-, S^{2-}, RS^- u. a.). Bei der Bildung von π-Donorbindungen verschiebt sich die Elektronendichte vom Liganden zum Metall.

Zweiter Fall: Hier betrachtet man den umgekehrten Vorgang. Das Metallorbital ist durch ein Elektronenpaar besetzt, aber ein p- oder d-Orbital des

---

[1] Ergänzt durch Zn^{++} (*Anm. der Herausgeber*).

Ligatoratoms ist leer. Dabei bilden sich ebenfalls zwei Molekülorbitale, allerdings ist das Orbital mit der niedrigeren Energie (das bindende MO) vorwiegend am Metallatom lokalisiert und das Orbital mit der höheren Energie (das antibindende) überwiegend am Liganden. Bei der Ausbildung solcher Bindungen wird die Elektronendichte durch Abgabe in unbesetzte, energetisch günstig liegende Orbitale des Bindungspartners abgeschwächt, wodurch sich die

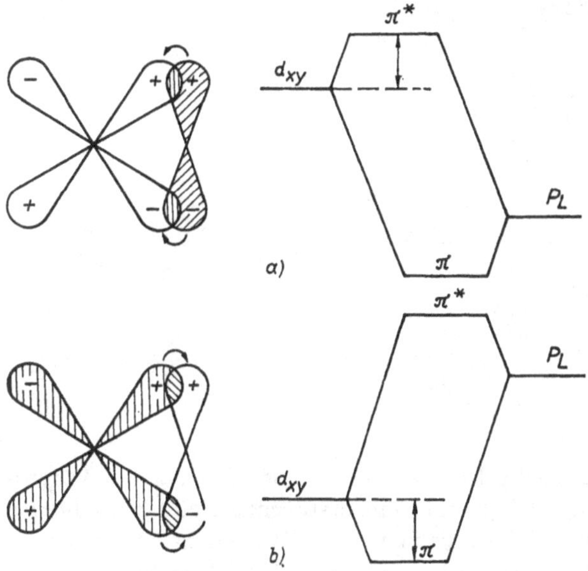

Abb. 5. Schema der Bildung von π-Donor (a)- und π-Akzeptor (b)-Bindungen

positive Ladung am Metall vergrößert. π-Bindungen dieses Typs tragen die Bezeichnung dative Bindungen („back donation", Rückgabebindung, *π-Akzeptorbindung*). Diese Bindungen können in verschiedenen Ebenen (xy, xz, yz) lokalisiert sein und unterschiedliche Symmetrie aufweisen. In oktaedrischen Komplexen verfügen sie über die Symmetrie t_{2g}.

Das Auftreten der π-back donation führt zu einer Vergrößerung des Parameters $\Delta = 10Dq$, weil die Orbitale t_{2g} und e_g voneinander entfernt werden. Die Bildung von π-Akzeptor-Bindungen ist charakteristisch für solche Liganden wie CO, C_2H_4, CN^-, aber auch für die Halogenide Cl^-, Br^-, I^-, da diese Ionen über niedrig liegende vakante (leere) nd-Orbitale verfügen.

Eine chemische Bindung kann sich nur bei einer Wechselwirkung von Metall- und Ligandenorbitalen gleicher Symmetrie bilden. Dabei kann das Zentralatom, wie gezeigt wurde, nicht nur Elektronenakzeptor sein, sondern auch Elektronendonator.

Daher erscheint es zweckmäßig, eine bereits früher von uns vorgeschlagene Klassifizierung von Zentralatomen und Liganden nach der Symmetrie ihrer Orbitale [24] zu verwenden. Schematisch kann diese Klassifzierung in folgender Weise dargestellt werden:

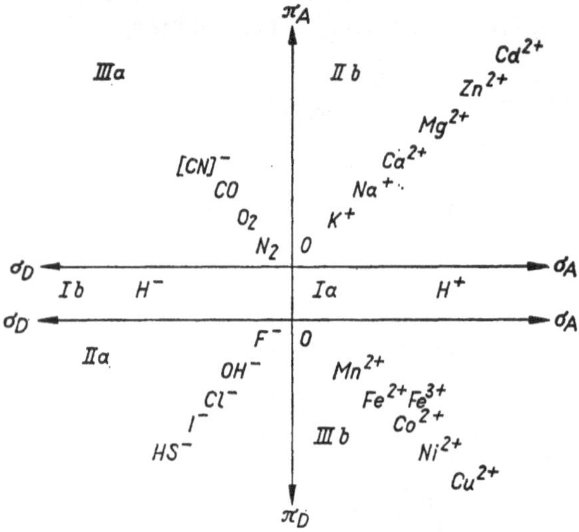

Zur ersten Gruppe gehören solche Teilchen, die nur als σ-Elektronenakzeptoren auftreten (z. B. H^+, CH_3^+, BR_3) und dementsprechend nur σ-Bindungen ausbilden. Weiterhin können solche Liganden wie NH_3, Amine und auch die Anionen CH_3^- und H^- gleichfalls nur σ-Bindungen bilden. Diese Moleküle und Ionen ordnen wir den Gruppen Ia und Ib zu.

Der zweiten Gruppe werden die Kationen zugeordnet (IIa), die σ- und π-Elektronenakzeptoren sind: Na^+, Li^+, Ca^{2+}, Mg^{2+}, Pb^{2+}, Sn^{2+}, Cd^{2+}, Bi^{3+} sowie die Anionen (IIb), die σ- und π-Elektronendonatoren sind, wie z. B. OH^-, F^-, Cl^-, Br^-. Der gleichen Gruppe muß man auch H_2O, Alkohole und andere Moleküle mit Donatoratomen zuordnen.

Zur dritten Gruppe gehören Zentralmetalle und Liganden, die gleichzeitig σ-Akzeptoren und π-Donatoren sind (IIIa): Fe^{2+}, Co^{2+}, Ni^{2+}, Cu^{2+}, Pd^{2+}, Pt^{2+} bzw. die σ-Donatoren und π-Akzeptoren sind (IIIb): O_2, CNS^-, R_3P, CO, CN^-, $C_2H_5^-$.

Entsprechend der Tatsache, daß sich nur Orbitale passender Symmetrie überlappen können, sind folgende Reaktionstypen möglich:

Ia + Ib; IIa + IIb; IIIa + IIIb

Die vorgeschlagene Klassifizierung ist nur begrenzt richtig, da nur ein oder zwei Metall- und Ligandenorbitale berücksichtigt werden. In vielen Fällen müssen aber drei und mehr Orbitalsymmetrien in Betracht gezogen werden. So gibt es beim Iodid (I^-) σ- und π-Donororbitale ($5p$-Orbitale) und σ- und π-Akzeptororbitale, da die energetisch relativ niedrig gelgenen $5d$-Orbitale Bindungswechselwirkungen eingehen können.

Die Elektronenstrukturen von oktaedrischen Koordinationsverbindungen des Typs ML_6 der d-Übergangsmetalle stellt man zweckmäßigerweise in Form von MO-Schemata dar. In Abb. 6 sind nur σ-Bindungen zwischen Zentralmetallen und Ligatoratomen berücksichtigt. An der Bindung der Molekülorbitale können aber nicht nur die $3d$-Orbitale, sondern auch die $4s$- und $4p$-Orbitale des Metalls beteiligt sein. Die Liganden stellen für die Bildung der Molekülorbitale sechs σ-Donororbitale mit freien Elektronenpaaren (σ_1, $\sigma_2 \cdots \sigma_6$) zur Verfügung.

Abbildung 7 zeigt die Bildung von σ- und π-Orbitalen ausschließlich unter Beteiligung von Metall-d-Orbitalen. Dabei ist die Wechselwirkung der Metall-d-Orbitale mit den freien π-Orbitalen der Liganden stärker als die mit den besetzten π-Orbitalen (π-Akzeptorbindung überwiegt die π-Donorbindung).

Aus Abb. 7 folgt, daß sich außer den bindenden und antibindenden auch nichtbindende Molekülorbitale (t_{2u}, t_{1g}, t_{1u}) bilden können, die am Liganden lokalisiert sind und nicht an Bindungen mit dem Zentralmetall beteiligt sind.

Zur Bestimmung der Lage der Energieniveaus und der Eigenschaften der Molekülorbitale bedient man sich gewöhnlich quantenchemischer Methoden unter Einbeziehung empirischer Parameter („semiempirische“ Verfahren). Als derartige Parameter wählt man die Atomorbitale (im einfachsten Falle die SLATERschen Atomorbitale) und ihre Energien (Ionisierungspotentiale der Valenzzustände).

Die im Ergebnis solcher Berechnungen erhaltenen Daten über MO-Energien und Elektronendichteverteilungen von Koordinationsverbindungen stellen nur Näherungswerte dar. Allerdings hängen die Anzahl der Molekülorbitale und ihre Symmetrie nicht vom gewählten Rechenverfahren ab, und im Rahmen der Einelektronennäherung ergibt sich immer eine eindeutige Lösung.

Zum Verständnis bestimmter Erscheinungen, die bei der Komplexbildung mit d-Übergangselementen beobachtet werden, trägt wesentlich der JAHN-TELLER-Effekt bei.

Bereits im Jahre 1937 konnten JAHN und TELLER ein wichtiges Theorem aufstellen: „*Der entartete Elektronenzustand eines beliebigen nichtlinearen molekularen Systems ist instabil, infolgedessen unterliegt ein solches System einer bestimmten Verzerrung, die seine Symmetrie erniedrigt und die Entartung aufhebt*“.

Am häufigsten illustriert man den JAHN-TELLER-Effekt am Beispiel der Kupfer(II)-Komplexe. In oktaedrischen Cu(II)-Komplexen erfolgt die Verteilung der $9d$-Elektronen auf die Orbitale nach $(t_{2g})^6(e_g)^3$.

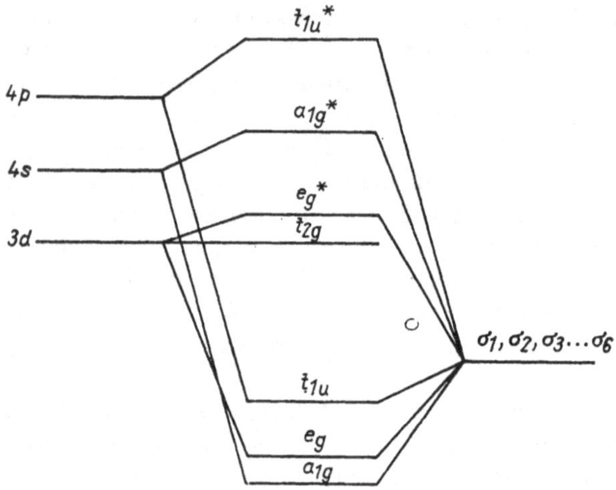

Abb. 6. MO-Diagramm eines oktaedrischen Komplexes bei Vernachlässigung von π-Wechselwirkungen

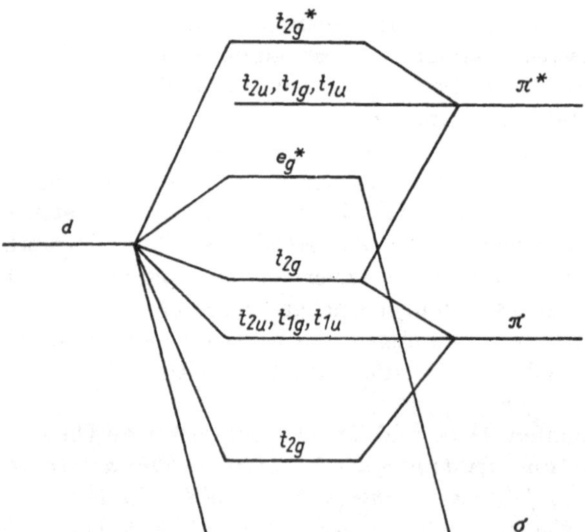

Abb. 7. MO-Diagramm unter Berücksichtigung von π-Wechselwirkungen

Alle t_{2g}-Orbitale sind einheitlich mit einem Elektronenpaar besetzt, während für die Belegung der e_g-Orbitale zwei Möglichkeiten bestehen:

$(d_{x^2-y^2})^2\ (d_{z^2})^1$ oder $(d_{x^2-y^2})^1\ (d_{z^2})^2$.

Da diese Zustände energetisch gleich sind, ist das System zweifach entartet (allgemeine Symmetrie E_g). In Übereinstimmung mit dem JAHN-TELLER-Theorem wird eine solche Entartung durch eine Symmetrieerniedrigung aufgehoben.

Für eine Symmetrieerniedrigung ergeben sich zwei Möglichkeiten: Umwandlung des Oktaeders in eine gestreckte Bipyramide; dabei wird $E(d_{z^2}) < E(d_{x^2-y^2})$, oder Umwandlung des Oktaeders in eine gestauchte Bipyramide, dann wird $E(d_{x^2-y^2}) < E(d_{z^2})$.

Mit der Veränderung der Konfiguration des Komplexes (Umwandlung des Oktaeders in eine Bipyramide) verändern sich auch Charakter und Energie der t_{2g}-Orbitale, aber diese Veränderungen sind wegen des nichtbindenden Charakters dieser Orbitale (schwach π-bindend oder antibindend) von geringerem Einfluß. Abbildung 8 verdeutlicht die beim Strecken des Oktaeders entlang der z-Achse zu beobachtenden Veränderungen.

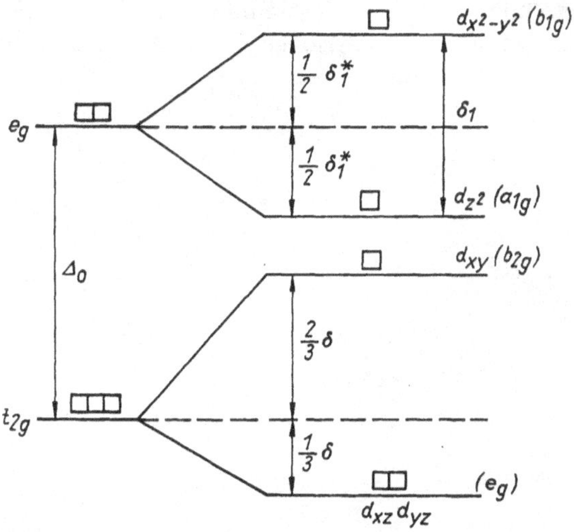

Abb. 8. Änderung der MO-Energie für den Übergang eines regelmäßigen Oktaeders (ML_6) in eine gestreckte Bipyramide

Tatsächlich sind Koordinationsverbindungen des Kupfers zumeist verzerrt oktaedrisch. Die Streckung des Oktaeders entlang der z-Achse kann so extrem sein, daß eine Umwandlung des oktaedrischen Komplexes in einen quadratischen erfolgt.

Der JAHN-TELLER-Effekt sollte am stärksten in Komplexen mit einer Entartung der e_g-Orbitale in Erscheinung treten, d. h., in den Verbindungen $(t_{2g})^6(e_g)^3$, $(t_{2g})^3(e_g)$ und im low-spin-Komplex $(t_{2g})^6(e_g)$.

In geringerem Maße ist dieser Effekt in den high-spin-Verbindungen der Elektronenstruktur $(t_{2g})^1$, $(t_{2g})^2$, $(t_{2g})^4$ $(e_g)^2$, $(t_{2g})^5$ $(e_g)^2$, und in den low-spin-Verbindungen des Typs $(t_{2g})^3$, $(t_{2g})^3$ $(e_g)^2$, $(t_{2g})^6$ $(e_g)^2$ wird der JAHN-TELLER-Effekt nicht beobachtet.

Tatsächlich werden in den oktaedrischen Verbindungen von Mn^{2+}, Fe^{3+} und Ni^{2+} keine merklichen Verzerrungen der oktaedrischen Koordination beobachtet. Schwach bemerkbar ist eine Verzerrung der oktaedrischen Symmetrie in den Verbindungen des Fe^{2+} und Co^{2+} und sehr stark ausgeprägt in Cu^{2+}-Komplexen.

Auch für tetraedrische Komplexe ist der JAHN-TELLER-Effekt zu berücksichtigen. Unter diesem Gesichtspunkt sind die tetraedrischen Komplexe des Co^{2+} sehr interessant, die die Elektronenstruktur $(e_g)^4$ $(t_{2g})^3$ besitzen, d. h., nicht orbitalentartet und daher in Übereinstimmung mit dem JAHN-TELLER-Theorem stabil sind. In schwach tetraedrischen Feldern sind auch die Ionen Mn^{2+}, Fe^{3+}, Zn^{2+} stabil.

Die übrigen Biometallkomplexe können in Übereinstimmung mit dem JAHN-TELLER-Theorem unter der Einwirkung tetraedrischer Ligandenfelder Verzerrungen erleiden.

Kapitel V

Physikalisch-chemische Methoden zur Untersuchung der Struktur von Koordinationsverbindungen der Biometalle mit Bioliganden[1]

Im vorangehenden Kapitel wurde darauf hingewiesen, daß die Bestimmung der Struktur von Koordinationsverbindungen zwei Aufgaben einschließt:

1. Die Bestimmung der geometrischen Struktur, d. h., die Bestimmung der räumlichen Lage des Zentralmetalls und der Liganden, die am Zentralatom koordiniert sind, und
2. die Bestimmung der Elektronenstruktur, d. h., der Verteilung der Elektronendichte in den Koordinationsverbindungen sowie der Lage der Energieniveaus der nichtbindenden und der Valenzelektronen (in der Einelektronennäherung).

Zwischen diesen beiden Seiten des Begriffs „Struktur“ der Koordinationsverbindungen existiert eine sehr enge Verbindung, und eine Reihe physikalisch-chemischer Methoden (besonders spektroskopischer) gestattet, bis zu einem gewissen Grad beide Aspekte aufzuklären.

Die direktesten und z. Z. einzigen völlig sicheren Methoden der geometrischen Strukturaufklärung von Komplexen sind die *Diffraktionsmethoden*, insbesondere die *Röntgenkristallstrukturanalyse*, mit deren Hilfe eine große Anzahl geometrischer Strukturen von Koordinationsverbindungen ermittelt wurde, darunter auch von Verbindungen mit Bioliganden. Die Anwendbarkeit dieser Methode ist jedoch auf kristalline Proben begrenzt. Flüssige Proben lassen sich mit dieser Methode sehr schwer oder gar nicht untersuchen.

Die Durchführung der Röntgenkristallstrukturanalyse erfordert spezielle Apparaturen und recht komplizierte Auswertetechniken, deshalb wird auf eine detailliertere Vorstellung dieser Methode verzichtet und auf die entsprechende Literatur verwiesen.[2]

---

[1] Zusammenfassende Darstellung aller hier genannten Methoden siehe Danzer, K., Than, E., Molch, D.: „*Analytik — systematischer Überblick*“, Akademische Verlagsgesellschaft, Leipzig 1976 (*Anm. der Herausgeber*).

[2] Siehe Fußnote 1 und dort zitierte weitere Literatur (*Anm. der Herausgeber*).

Tabelle 15: Übersicht von physikalisch-chemischen Untersuchungsmethoden für Koordinationsverbindungen

Methode	Anwendungsgebiet	Verbreitung in der bioanorganischen Chemie
(UPS, XPS)-Photoelektronenspektroskopie	Bestimmung der (absol.) Lage innerer und äußerer mit Elektronen besetzter Orbitale	gegenwärtig noch begrenzt
Schwingungsspektroskopie (IR- und RAMAN-Spektroskopie)	Untersuchung der Koordinationsweise der Liganden und von Veränderungen, die im Ligandenmolekül durch die Koordination verursacht werden	wegen der Kompliziertheit der Objekte begrenzt
Elektronenspektroskopie (UV/VIS-Spektroskopie)	Untersuchung der Symmetrie der gebildeten Komplexe, der Koordinationsweise und der Geometrie der inneren Koordinationssphäre von Übergangs(bio)-metall-Komplexen	stark
Bestimmung der optischen Aktivität: optische Rotationsdispersion (ORD), Zirkulardichroismus (CD)	Bestimmung der Konfigution von Übergangsmetallkomplexen mit Bioliganden	zunehmend
Bestimmung der magnetischen Suszeptibilität	Bestimmung des magnetischen Verhaltens von Übergangsmetallkomplexen	beträchtlich
Elektronenspinresonanzspektroskopie (ESR)	Bestimmung der Geometrie und der Bindungsweise von Übergangsmetallkomplexen	recht stark
Kernresonanzspektroskopie (NMR), einschließlich der paramagnetischen Verschiebung in den NMR-Spektren der koordinierten Liganden sowie der Relaxationszeiten	Untersuchung der Veränderung der chemischen Verschiebungen der Kerne bei der Koordination von Liganden, seiner Geometrie sowie der Labilität der inneren Sphäre von Übergangsmetallkomplexen	zunehmend
MÖSSBAUER-Spektroskopie (γ-Resonanzspektroskopie)	Untersuchung der Komplexgeometrie von Eisen- (ev. auch Cobalt) Komplexen	begrenzt

Von den übrigen Methoden zur Strukturuntersuchung von Koordinationsverbindungen sollen nur die für die Lösung der Probleme der bioanorganischen Chemie aussichtsreichsten betrachtet werden [6]. Sie sind durch eine unterschiedliche Anwendungsbreite charakterisiert. Ein allgemeiner Überblick über diese Methoden wird in Tab. 15 gegeben.

Die Arbeitsweise der *Röntgen-Photoelektronenspektroskopie* (XPS) und der *UV-Photoelektronenspektroskopie* (UPS) ist gleich und relativ einfach zu verstehen; sie unterscheiden sich nur hinsichtlich der Anregungsenergie [27, 12].

Die zu untersuchende Probe wird der Einwirkung einer streng monochromatischen Röntgen- oder UV-Strahlung ausgesetzt (Anregungsenergie $h\nu$). Dabei werden aus der Hülle des Atoms innere oder Valenzelektronen herausgeschlagen, deren kinetische Energie

$$E_k = \frac{mv^2}{2}, \tag{V.1}$$

$$h\nu + (e_{\text{bond}}) \rightarrow e$$

gemessen wird.

Daraus kann die Energie eines Elektrons, das sich in einem bestimmten Atom- oder Molekülorbital aufhält, berechnet werden:

$$E_{\text{bond}} = h\nu - \frac{mv^2}{2} \tag{V.2}$$

Beispielsweise wurden bei der Untersuchung der Verbindung $Na_3[FeN_2(CN)_5]$ drei Banden für die 1*s*-Elektronen des Stickstoffs gefunden. Jede dieser Banden entspricht Stickstoffatomen, die auf unterschiedliche Weise an das Zentralatom Eisen gebunden sind [27].

Die intensivste Bande im Spektrum entspricht den fünf Stickstoffatomen der CN^--Ionen, die weniger intensiven Banden entsprechen den Stickstoffatomen im koordinierten N_2-Molekül. Aufgrund des Spektrums kann man entscheiden, daß das N_2-Molekül linear (end-on) oder nahezu linear koordiniert ist. Wenn die Koordination rechtwinklig (edge-on) wäre $\left(\text{Fe}\!\begin{smallmatrix}\diagup\text{N}\\ \text{|||}\\ \diagdown\text{N}\end{smallmatrix}\right)$, so müßten die Bandenlagen der 1*s*-Elektronen des Stickstoffs zusammenfallen. Interessant ist, daß zwischen der Lage der Bande der nicht an der Bindung beteiligten 1*s*-Elektronen des Stickstoffs und der effektiven Ladung des Stickstoffatoms eine recht gute lineare Korrelation existiert.

Die Röntgen-Photoelektronenspektroskopie wird auf Vorschlag ihres Entdeckers auch ESCA (Elektronenspektroskopie für chemische Analyse) genannt.

Allerdings kennzeichnet die Bezeichnung (UV bzw. Röntgen)-Photoelektronenspektroskopie das Prinzip dieser Methode (Emittierung von Elektronen infolge des Photoeffekts) besser. Nach der Anregung unterscheidet man häufig UV-Photoelektronenspektroskopie (UPS) und Röntgen-Photoelektronenspektroskopie (XPS).[1]

Bei der XPS-Technik verwendet man zur Freisetzung der Elektronen Röntgenquanten hoher Energie, die in der Lage sind, Elektronen nicht nur aus den Valenz-, sondern auch aus inneren Schalen herauszuschlagen. Bei der UPS-Technik wird UV-Strahlung angewendet. Sie eignet sich deshalb besonders für die Untersuchung der Energieniveaus von Valenzelektronen. Die XPS- und UPS-Methoden werden zum gegenwärtigen Zeitpunkt nur vereinzelt zur Untersuchung von Biokoordinationsverbindungen eingesetzt. Ursachen dafür sind die hohen apparativen Kosten und der damit verbundene noch geringe Verbreitungsgrad dieser Methode.

Prinzipiell bietet sich aber diese Methode zur Aufklärung von Biokomplexen besonders mit sauerstoff-, stickstoff- und schwefelhaltigen Liganden an. Durch UPS- und XPS-Methoden können detaillierte Angaben über die unmittelbare Umgebung sowie die Elektronenstruktur des Zentralmetalls erhalten werden.

Die *Schwingungsspektroskopie* (IR- und RAMAN-Spektroskopie) [11, 16, 28] kann sehr wertvolle Informationen über den Aufbau der inneren Sphäre von Koordinationsverbindungen und über die Art und Weise der Koordination verschiedener Liganden vermitteln.

In den Schwingungsspektren beobachtet man Frequenzen, die zu verschiedenen Typen von Schwingungen (Valenz-, Deformations-, Gerüstschwingungen u. a.) gehören. Bei der Auswertung von IR-Spektren erweist sich eine gewisse natürliche Anordnung von charakteristischen Gruppenfrequenzen (z. B. charakteristische Frequenzen für bestimmte Bindungstypen) als nützliche Orientierungshilfe. So gelingt es, im fernen Infrarotgebiet die für die Koordinationschemie besonders wertvollen Valenzschwingungen der Metall-Ligand-Bindungen zu erkennen. Im Schwingungsspektrum von Koordinationsverbindungen kann man auch charakteristische Frequenzen der Liganden beobachten. Bei der Komplexbildung können sie sich entweder infolge der Erniedrigung der Symmetrie des Liganden bei Koordination in mehrere Komponenten aufspalten, sich verschieben oder ihre Intensität infolge einer Umverteilung der Elektronendichte im Ligandenmolekül bei der Koordination verändern.

Als Beispiel kann man die Koordination des Nitrations anführen, das die

---

[1] Die hier vorgenommene Einteilung weicht vom Original ab, hat sich aber in der deutschsprachigen Literatur eingebürgert (siehe auch Literaturzitat in Fußnote 1 S. 59) (*Anm. der Herausgeber*).

Symmetrie D_{3h} hat und einen dementsprechenden Satz von Schwingungsfrequenzen aufweist. Bei der Koordination, die einzähnig oder zweizähnig erfolgen kann, erniedrigt sich die Symmetrie des koordinierten NO_3^--Ions auf C_{2v}, wodurch sich die Zahl der Banden im Schwingungsspektrum erhöht:

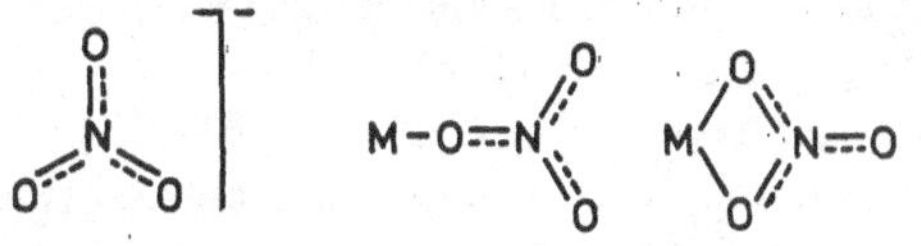

freies NO_3^--Ion Symmetrie D_{3h} koordiniertes NO_3^--Ion Symmetrie C_{2v}

Die Anwendung der IR-Spektroskopie zur Untersuchung biologische Objekte ist dadurch erschwert, daß man es hierbei vorwiegend mit wäßrigen Lösungen zu tun hat. Wasser ist aber für diese Methode ein ungeeignetes Lösungsmittel, da es IR-Strahlung intensiv absorbiert. Trotzdem wird die IR-Spektroskopie erfolgreich auf einige Probleme der bioanorganischen Chemie angewendet. So wurde die Bindung von CO_2 durch Carboanhydrase mittels IR-Spektroskopie untersucht, und aufgrund der vorliegenden Symmetrieänderung der koordinierten CO_2-Moleküle konnte ihre sehr schwache Bindung durch das Metalloprotein festgestellt werden [36].

Bei der nur geringen Frequenzänderung durch Koordination von Biometallen erweist sich die Anwendung der IR-Differenzspektroskopie [36] als sehr nützlich. Mittels dieser Methode wurde die Koordination des Azid-Ions (N_3^-) durch Metallionen (Zn^{2+}, Co^{2+}), die Bestandteil der Carboanhydrase sind, untersucht. Es zeigte sich, daß die starke Bande bei 2049 cm^{-1} bei der Koordination durch das Co^{2+}-Ion bis 2081 cm^{-1} und durch die Bindung an das Zn^{2+} noch stärker (bis 2094 cm^{-1}) verschoben wird. Einige Liganden werden fester als das Azid-Ion gebunden und verdrängen dieses aus dem Metalloenzym.

Die UV-VIS-*Absorptionsspektroskopie* [6, 33] bezeichnet man auch als *Elektronenspektroskopie*, da die Absorption von Lichtquanten in diesem Spektralbereich mit Elektronenübergängen verbunden ist. Die Elektronenspektroskopie wird zur Untersuchung von Koordinationsverbindungen der Übergangsmetalle am häufigsten eingesetzt. Die Energieniveaus von Komplexen oktaedrischer Symmetrie sind in Abb. 3 und 4 dargestellt. Aus den angeführten Diagrammen ist ersichtlich, daß die Elektronenübergänge sehr verschiedenartig sein können (4 Arten). Besonders weit verbreitet und leicht zu beobachten sind zwei Arten von Übergängen:

1. *d-d*-Übergänge, d. h., Übergänge von Elektronen zwischen Niveaus, die in der Hauptsache am Zentralmetall lokalisiert sind, wie z. B. t_{2g}[1]-e_g-Über-

[1] t_{2g}-Orbitale können nichtbindend, bindend (π-back donation) und antibindend (π-Donorbindungen) sein.

gänge. Wenn die Farbe einer Koordinationsverbindung vorwiegend durch *d-d*-Übergänge bestimmt ist und deren Charakter von der nächsten Umgebung des Zentralatoms abhängt (Zahl und Art der Nachbaratome), dann bezeichnet man eine Einheit (Gruppe), die aus dem Zentralmetall und Ligatoratomen besteht, häufig als „Chromophor“. Beispielsweise ist der Chromophor für den Komplex $[Co(H_2O)_6]^{2+}$ die $Co^{II}O_6$-Einheit.

2. Ladungsübertragungsbanden oder sogenannte charge-transfer-Banden (*CT*-Banden), die zumeist durch eine ziemlich hohe Energie und beträchtliche Intensitäten gekennzeichnet sind. Dabei können Elektronen, die in der Hauptsache an den Liganden lokalisiert sind, in Metallorbitale übertragen werden (σ-bindende Orbitale a_{1g}, e_q, t_{1u} oder π-bindende Orbitale t_{2g} und nichtbindende Orbitale, die an den Liganden lokalisiert sind — t_{1g}, t_{1u} und t_{2u}).[1]
   Die Elektronen können auch in umgekehrter Richtung — von den besetzten Orbitalen des Metalls auf vakante π^*-Orbitale, die hauptsächlich an den Liganden lokalisiert sind — übertragen werden.

Übergänge des dritten und vierten Typs werden seltener beobachtet:

3. Rydberg-Übergänge, die sich im fernen Ultraviolett nachweisen lassen, entsprechen Elektronenübergängen von besetzten *d*-Orbitalen in leere *p*-Orbitale des Metalls. Diese Banden sind gleichfalls recht intensiv.
4. Intraligandenbanden (inner-ligand-Banden), die Elektronenübergängen aus besetzten in freie Ligandenorbitale entsprechen. Solche Banden sind typisch für Liganden mit konjugierten Doppelbindungen. Bei der Komplexbildung ändert sich die Lage der Energieniveaus im Ligandenmolekül wesentlich, wodurch auch die Lage der Intraligandenbanden beeinflußt wird. Die Absorptionsspektren von Metallkomplexen mit der Elektronenkonfiguration d^1 und d^9 sind relativ einfach. Allerdings verursacht eine größere Anzahl von Elektronen ($d^2 \cdots d^8$) eine interelektronische Abstoßung, dadurch wird die Struktur der Elektronenspektren komplizierter.

Bereits ein einfaches gasförmiges Ion, das mehr als ein *d*-Elektron (und weniger als neun) besitzt, ist durch das Vorhandensein mehrerer Energieniveaus, sogenannter Terme, charakterisiert. In einer Koordinationsverbindung vergrößert sich die Anzahl dieser Terme: Je niedriger die Symmetrie des Komplexes ist, desto mehr Energieniveaus (und damit auch Absorptionsbanden) treten im Komplex auf.

Die symmetrischsten Koordinationsverbindungen sind solche mit oktaedrischer oder tetraedrischer Koordination. Für solche Verbindungen stellten Tanabe und Sugano Termdiagramme auf.

---

[1] t_{1u}-Orbitale können schwache Bindungen mit *p*-Orbitalen des Metalls verursachen.

TANABE-SUGANO-Diagramme sind in Abb. 9 für die Biometalle Mn^{2+}, $Fe^{3+}(d^5)$; $Fe^{2+}(d^6)$; $Co^{2+}(d^7)$ und $Ni^{2+}(d^8)$ aufgeführt.

Auf den TANABE-SUGANO-Diagrammen ist auf der Abszisse die Größe Δ_O (Abstand zwischen den t_{2g}- und e_g-Orbitalen) aufgetragen und auf der Ordinate die Energie E des Niveaus (Terms). Damit die Diagramme universell für beliebige Ionen mit einer gegebenen Elektronenkonfiguration, unabhängig

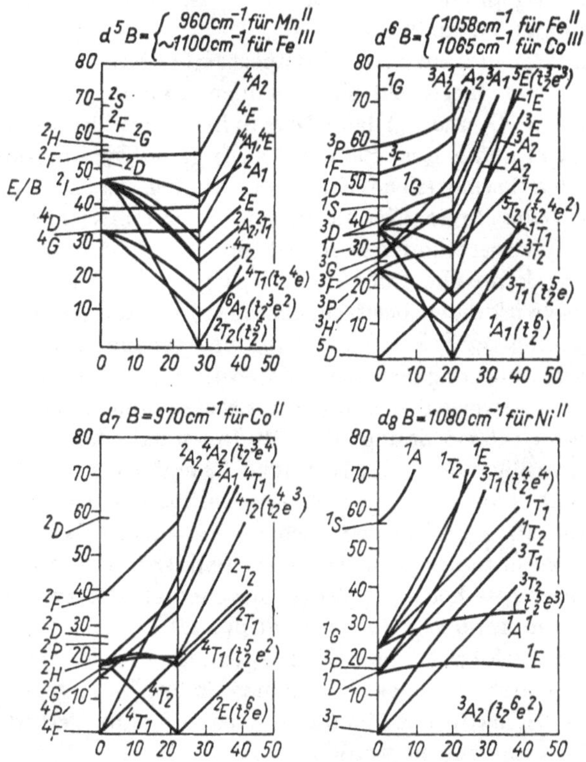

Abb. 9. TANABE-SUGANO-Diagramme für d^5-d^8-Systeme in oktaedrischer Symmetrie

von ihrer Ladung und Hauptquantenzahl, anwendbar sind, dividiert man die Größen Δ_O und E durch den interelektronischen Abstoßungsparameter B (RACAH-Parameter). Die Größen des RACAH-Parameters für gasförmige Biometallionen sind den entsprechenden Diagrammen zu entnehmen. Allerdings werden in Koordinationsverbindungen die d-Elektronen delokalisiert, und die Elektronendichte geht teilweise auf die Liganden über [Gl. (IV.1) und (IV.2)]. Deshalb verringert sich in Koordinationsverbindungen die interelektronische Abstoßung, und der Parameter B_{kompl} ist wesentlich geringer als B_{gas}. Diese

Erscheinung wird als nephelauxetischer Effekt bezeichnet, dessen Größe durch die Beziehung

$$\eta = \frac{B_{\text{kompl}}}{B_{\text{gas}}} < 1 \qquad (V.3)$$

charakterisiert ist. Je kleiner die Größe η ist, desto stärker ist die Kovalenz in dem gegebenen Komplex ausgeprägt. Die Größe B_{kompl} ist gleichfalls aus den TANABE-SUGANO-Diagrammen zugänglich.

Die Anzahl möglicher Energieniveaus von Komplexverbindungen, wie sie im TANABE-SUGANO-Diagramm dargestellt sind, ist hier minimal, da sich im Falle der kubischen Symmetrie (O_h und T_d) das d-Niveau in nur zwei Komponenten (t_{2g} und e_g oder t_2 und e) aufspaltet. Bei einer niedrigeren Symmetrie vergrößert sich die Anzahl der Terme (siehe Kap. IV). Folglich kann man aus der Anzahl der Terme sowie ihrem Charakter auf die Symmetrie der nächsten Umgebung von Komplexverbindungen schließen.

Eine wesentliche Bedeutung kann ebenfalls die Aufspaltung der Niveaus infolge von Spin-Bahn-Wechselwirkungen besitzen, die aber im Falle der $3d$-Metallionen vergleichsweise gering ist. Schließlich ist für eine genaue Analyse von Absorptionsspektren die Bestimmung der Bandenintensitäten erforderlich.

Als die intensivsten Banden erweisen sich die CT-Banden mit molaren Extinktionskoeffizienten in der Größenordnung 10^3—10^4. Ihnen nahe kommen die Bandenintensitäten von Intraliganden- und RYDBERG-Übergängen.

Bei den d-d-Übergängen hat man zwischen teilweise verbotenen (molare Extinktionskoeffizienten ε 10—10^2)[1] und streng verbotenen (molare Extinktionskoeffizienten 10^{-2}—10^{-1}) zu unterscheiden. Der erste Bandentyp wird bei Übergängen zwischen Zuständen gleicher Multiplizität beobachtet, der zweite bei Übergängen zwischen solchen unterschiedlicher Multiplizität.

Absorptionsspektren wurden erfolgreich zur Untersuchung von Proteinkomplexen des Co(II) angewendet. In vielen Enzymen kann Zink gegen Cobalt(II) ohne Zerstörung der Struktur des Metalloproteins und ohne Verlust seiner katalytischen Aktivität ausgetauscht werden.

Auf diese Weise wurden besonders Carboanhydrasen und eine Reihe anderer Metalloproteine untersucht [36]. Einige Angaben über Co(II)- und Zn(II)-Komplexe sind in Tab. 16 und 17 enthalten.

In den Absorptionsspektren der Cobaltkomplexe (Tab. 16) beobachtet man eine breite Bande im Gebiet zwischen 500—640 nm mit mehreren Maxima (Schultern). Mitunter sind auch weniger intensive Banden im nahen Infrarot zu beobachten. Solche Spektren zeugen von der Anwesenheit eines verzerrt tetraedrischen Chromophors des Typs $Co^{II}L_4$. Die Termaufspaltung ist im tetraedrischen Feld invers zum oktaedrischen Feld. Im gasförmigen Co(II)-Ion

[1] ε in $mol^{-1} \cdot l \cdot cm^{-1}$

Tabelle 16: Absorptionsspektren von Cobalt(II)-Metalloproteinen [31, 36]

Co^{II}-Metalloenzym	Lage der Spektralbanden [nm] und ihre Intensitäten (molare Extinktionskoeffizienten in Klammern)				
Co^{II}-Carboxypeptidase	500 (–)	555 (160)	572 (160)	–	940 (25)
Co^{II}-Carboanhydrase	520 (205)	555 (340)	615 (230)	640 (240)	900 (25), 1250 (95)
Co^{II}-Carboanhydrase + CN^-*)	–	545 (350)	585 (650)	–	–
alkalische Co^{II}-Phosphatase	510 (335)	555 (378)	605 (220)	640 (260)	–
alkalische Co^{II}-Phosphatase + HPO_4^{2-}	480 (260)	535 (350)	–	640 (120)	–
alkalische Co^{II}-Phosphatase + $HAsO_4^{2-}$	500 (240)	550 (260)	–	–	–

*) Im Spektrum treten zusätzliche Banden bei 310, 345 und 450 nm auf.

Tabelle 17: Absorptionsspektren von Kupfer(II)-Metalloproteinen [31, 36]

Cu^{II}-Metallo-enzym	Lage der Banden [nm] und ihre Intensitäten				
Cu^{II}-Carboxy-peptidase	—	—	—	790 (∼100)	—
Cu^{II}-Carboan-hydrase	—	—	590 (50)	750 (100)	900 (75)
Cu^{II}-Carboan-hydrase + CN^-	—	—	—	∼700 (130)	900 (80)
alkalische Cu^{II}-Phosphatase	—	—	—	∼750 (−100)	—
Cu^{II}-Laccase*)	—	532 (∼300)	615 (1400)	730 (−500)	—
Cu^{II}-Azurin*)	467 (400)	521 (300)	621 (2800−3500)	806 (600)	—
Cu^{II}-Ascorbin-oxydase*)	412 (500)	—	606 (770)	—	—
Cu^{II}-Ceruloplas-mine*)	370 (500)	—	605 (1200)	—	—

*) Enzyme, die zur Gruppe der Oxydasen gehören

gibt es zwei Quartett-Terme: ^4F und ^4P, welche sich im tetraedrischen Feld in die Terme A_2, T_2, $T_1(F)$ und $T_1(P)$ transformieren. Die Terme A_2, T_2 und $T_1(F)$ liegen sehr nahe beieinander und verursachen daher Übergänge im infraroten Spektralbereich. Der Übergang $A_2 \rightarrow T_1(P)$ läßt sich im sichtbaren Gebiet beobachten und ist wegen der starken Hybridisierung von *d*- und *p*-Orbitalen in tetraedrischen Komplexen ziemlich intensiv.

Die Aufspaltung des $T_1(P)$ -Terms zeugt von einer Symmetrieerniedrigung des Komplexes auf C_{3v} oder noch niedriger. Man kann annehmen, daß im Chromophor drei Plätze durch Donorgruppen des Proteins besetzt sind und der vierte durch ein Wassermolekül. Davon zeugt die Möglichkeit des Austausches von Wasser gegen andere Liganden (z. B. CN^-) und die damit verbundene Zunahme der Bandenintensität. Der Austausch von einem oder von zwei Liganden in der alkalischen Phosphatase gegen Hydrogenphosphat oder Hydrogenarsenat verändert dagegen das Absorptionsspektrum vergleichsweise wenig.

Die Absorptionsspektren von Kupfer(II)-Komplexen mit hoher Symmetrie (O_h oder T_d) sollten lediglich durch eine einzige Bande charakterisiert sein ($^2E_g \rightarrow {}^2T_{2g}$ im Oktaeder oder $T_2 \rightarrow E$ im Tetraeder). In Wirklichkeit treten in den Spektren von Kupfer(II)-Proteinkomplexen mehrere Banden auf, bzw. die Bande erweist sich als sehr breit. Das erklärt sich dadurch, daß die Ligandenanordnung am Zentralmetall quadratisch oder verzerrt tetraedrisch ist. Wie aus Abb. 4 folgt, sind bei quadratischer Koordination für die Elektronenkonfiguration d^9 drei Banden im Absorptionsspektrum zu erwarten: $B_{1g} \leftarrow E_g$, $B_{2g} \leftarrow E_g$ und $A_{1g} \leftarrow E_g$.

In diesem Zusammenhang sind die Spektren der sogenannten „blauen" Metalloproteinkomplexe des Kupfer(II) interessant, deren Ursprung und Intensitäten ($\varepsilon \sim 3 \times 10^3$) bisher nicht erklärbar sind. Zur Interpretation dieser Banden werden zwei Erklärungen herangezogen:

1. Der Übergang gehört zum *d-d*-Typ, und die hohen Intensitäten ergeben sich aus der niedrigen Symmetrie der Umgebung des Zentralmetalls und der partiellen Hybridisierung von 3*d*-, 4*s*- und 4*p*-Orbitalen.
2. Es erfolgt eine Ladungsübertragung des Typs $L \rightarrow Cu^{2+}$ (σ- oder π-Typ) von den Liganden (Protein) zum Kupferion (sogenannter ligand to metal charge transfer, LMCT).

Außerdem existieren auch Biokomplexe, in denen die Ladung in der umgekehrten Richtung übertragen wird: $Cu^{I} \rightarrow L$ (sogenannter metal to ligand charge transfer, MLCT).

Auch die exakte Deutung der Banden eisenhaltiger Proteine ist nicht immer möglich. So absorbiert beispielsweise Ferredoxin in den Spektralbereichen 230, 280, 310 und 390 nm [36].

Zur Untersuchung biologischer Objekte wird die Messung der optischen Aktivität (*Polarimetrie*) sehr ausgedehnt angewendet, insbesondere der „COTTON-Effekt", der in engem Zusammenhang mit dem *Zirkulardichroismus* (CD) steht und die Abhängigkeit der optischen Aktivität von der Wellenlänge (*optische Rotationsdispersion*, ORD) [6].

Assymmetrische Koordinationsverbindungen verhalten sich in Abhängigkeit von der Wellenlänge des eingestrahlten Lichtes unterschiedlich gegenüber polarisiertem Licht. Die Drehung der Ebene linear polarisierten Lichtes um einen bestimmten Winkel, bezeichnet mit α*[1], hängt von der Wellenlänge ab und wird als optische Rotationsdispersion bezeichnet. Dabei hat Licht unterschiedlicher Polarisation auch unterschiedliche molare Extinktionskoeffizienten (ε). Die Differenz $\varepsilon_l - \varepsilon_r$ kann mittels spezieller Geräte (Spektralpolarimeter) gemessen werden; die Differenz $(\varepsilon_l - \varepsilon_r)$ bezeichnet man als Zirkulardichroismus. Der COTTON-Effekt kann sowohl positiv $(\varepsilon_l - \varepsilon_r) > 0$ als auch negativ $(\varepsilon_l - \varepsilon_r) < 0$ sein.

Schematisch ist dieser Zusammenhang in Abb. 10 wiedergegeben.

Der COTTON-Effekt läßt sich an assymmetrischen Koordinationsverbindungen nachweisen, d. h., an Verbindungen, die Drehspiegelachsen (S_n)

---

[1] Die Größe α hängt von der Differenz der Brechungsindices $(n_l - n_r)$ links- oder rechtspolarisierten Lichtes ab.

besitzen. Es sei daran erinnert, daß S_1 die Anwesenheit einer Symmetrieebene und S_2 die eines Inversionszentrums voraussetzt.

Als Beispiel für solche Koordinationsverbindungen kann man $M(AA)_3$ anführen bzw. cis-$M(AA)_2X_2$, wobei AA ein zweizähniger Ligand und M ein Zentralmetall ist.

Der Cotton-Effekt wird an vielen Metalloproteinen beobachtet, speziell an solchen, die Cobalt(II) oder Kupfer(II) enthalten. Interessanterweise sind die normalen Absorptionsspektren von Cobaltkomplexen mit alkalischer Phosphatase, denen HPO_4^{2-}- oder $HAsO_4^{2-}$-Anionen zugefügt wurden, annähernd gleich, während sich die ORD- und CD-Spektren in beiden Fällen wesentlich unterscheiden und zwar nicht nur in der Größe von $(\varepsilon_l - \varepsilon_r)$, sondern auch nach dem Vorzeichen.

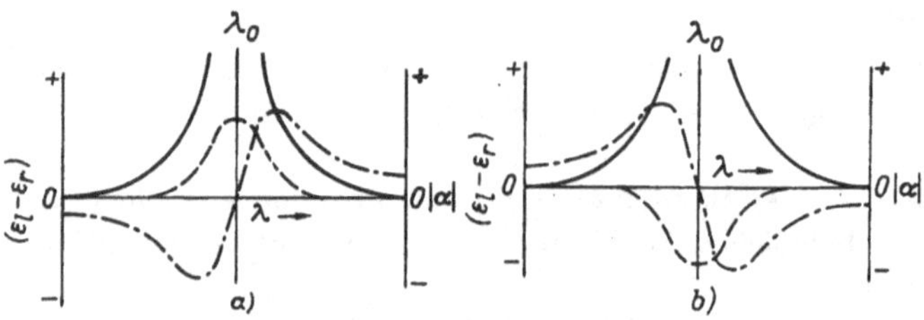

Abb. 10. Der Cotton-Effekt: Zirkulardichroismus $(\varepsilon_l - \varepsilon_r)$ und optische Rotationsdispersion (α), dargestellt am Beispiel einer asymmetrischen Verbindung mit einer Absorptionsbande, deren Maximum sich bei der Wellenlänge λ_0 befindet:

a) positiver Effekt; b) negativer Effekt

—— Absorption; —·—·—·— Zirkulardichroismus $(\varepsilon_l - \varepsilon_r)$; – – – optische Drehung (α)

Die *paramagnetische Suszeptibilität* von Komplexen der 3*d*-Metalle ist auf das Vorhandensein ungepaarter Elektronen zurückzuführen. Sie ist proportional der Größe des magnetischen Moments eines Elektrons,

$$\mu = g\sqrt{S(S+1)}, \tag{V.4}$$

wobei S — der Elektronenspin, gleich 1/2; g — der sogenannte Landé-Faktor, gleich 2,00023 (für die Mehrzahl von Rechnungen wird er gleich 2,00 gesetzt) bedeuten. Daraus ergeben sich für das freie Elektron $\mu = 1{,}73$ Bohrsche Magnetonen (B.M.).

Wenn ein Ion (oder Atom) mehrere ungepaarte Elektronen enthält, zwischen denen nur eine Spin-Spin-Wechselwirkung stattfindet, dann beträgt das magnetische Moment

$$\mu_S = g\sqrt{S(S+1)}, \tag{V.5}$$

wobei S – die Spinquantenzahl des Ions (Atoms) ist, die der Anzahl der ungepaarten Elektronen, multipliziert mit 1/2, entspricht.

In Tab. 18 sind die Werte für μ_S[1] angeführt, die nach dieser Formel für alle Biometalle mit nichtabgeschlossener Elektronenschale errechnet wurden. Wie aus den Daten dieser Tabelle ersichtlich ist, unterscheiden sich allerdings die experimentell bestimmten Werte wesentlich von den berechneten für alle Ionen, außer für Mn^{2+} und Fe^{3+}. Diese Ionen sind im Grundzustand durch eine Bahndrehimpulsquantenzahl gekennzeichnet, die gleich Null ist (^6S-Term). Für die übrigen hat das Bahnmoment einen von Null verschiedenen Wert, der nicht vernachlässigt werden darf.

Tabelle 18: Magnetische Eigenschaften der Biometallionen

Ion	Quantenzahlen des Grundzustandes		μ_s	μ_{S+L}	μ_{exp}
	S	L			
Mn^{2+}	5/2	0	5,92	5,92	~ 5,9
Fe^{3+}	5/2	0	5,92	5,92	~ 5,9
Fe^{2+}	2	2	4,90	5,48	5,1 – 5,5
Co^{2+}	3/2	3	3,87	5,20	4,1 – 5,2
Ni^{2+}	1	3	2,83	4,47	2,6 – 2,8
Cu^{2+}	1/2	2	1,73	3,00	1,7 – 2,2
Mo^{V}	1/2	2	1,73	3,00	1,67
Co^{3+}	befindet sich gewöhnlich im low-spin-Zustand und ist daher nicht paramagnetisch				

Wenn die Bahnbewegung vollständig in das magnetische Moment eingehen würde, dann müßte die folgende Beziehung gelten:

$$\mu_{S+L} = \sqrt{4S(S + 1) + L(L + 1)} \qquad \text{(V.6)}$$

Allerdings erreichen die experimentellen Werte die nach der Beziehung (V.6) berechneten (μ_{S+L})-Werte infolge der teilweisen Unterdrückung der Bahnbewegung in Koordinationsverbindungen („Quenching" des Drehmoments) selten (siehe Tab. 18).

Als Folge der Wechselwirkung des Zentralmetalls mit den Liganden können auch andere, feinere physikalische Effekte auftreten, die die Größe des magnetischen Moments beeinflussen.

---

[1] Auch als $\mu_{s.o.}$ (spin-only) bezeichnet (*Anm. der Herausgeber*).

Die experimentelle Bestimmung der magnetischen Suszeptibilität erfordert keinen sehr hohen Meßaufwand, allerdings ist die Genauigkeit dieser Methode vergleichsweise gering.

In der bioanorganischen Chemie hat diese Methode bisher keine breite Anwendung gefunden. Hier können als Beispiele nur die klassischen Arbeiten von Pauling und Cornell angeführt werden, in denen gezeigt wurde, daß die Bindung von O_2 am Hämoglobin das Fe^{2+} von einem paramagnetischen in ein diamagnetisches Zentrum verwandelt.

Die magnetischen Momente von Cobalt(II) in verschiedenen Derivaten der Carboanhydrase wurden gleichfalls bestimmt. Dabei wurde das Cobaltion durch verschiedene Zusätze inhibiert (Tab. 19).

Tabelle 19: Magnetische Momente von aktivem und inhibiertem Co^{II} in der Carboanhydrase [36]

pH	Inhibitor und seine Konzentration [mmol]	Magnetisches Moment [B.M.]
7,9	—	4,23
6,2	Cl^- (100)	4,45
6,2	Sulfanylamid (0,5)	4,72
6,2	NCO^- (2)	4,41
6,3	NO_3^- (100)	4,45

Die magnetischen Momente der oktaedrischen Cobaltkomplexe liegen zwischen 4,7—5,2 B.M., die tetraedrischer Komplexe aber zwischen 4,1—4,9 B.M. Die angeführten Daten, wie auch spektroskopische Untersuchungen, zeugen von der tetraedrischen Koordination von Co(II) im gegebenen Metalloenzym (Carboanhydrase).

Die magnetische Suszeptibilität des interessanten Metalloenzyms Ferredoxin wurde ebenfalls gemessen. Eine eindeutige Interpretation dieser Größe ist bisher jedoch nicht möglich.

Die *Elektronenspinresonanzspektroskopie* (ESR) [6] ist die aussichtsreichste Methode zur Untersuchung von Biokoordinationsverbindungen. Diese Methode untersucht Übergänge ungepaarter Elektronen zwischen Spinniveaus, deren ursprüngliche Entartung durch ein äußeres Magnetfeld aufgehoben wird. Für ein Elektron gibt es zwei Möglichkeiten der Orientierung im Magnetfeld: die parallele und die antiparallele, die sich durch eine Energiedifferenz ΔE unterscheiden.

$$\Delta E = g\beta H, \tag{V.7}$$

wobei g — das gyromagnetische Verhältnis (g-Faktor, substanzspezifische

Größe), β — das BOHRsche Magneton und H — die Feldstärke des Magnetfeldes bedeuten. Im thermischen Gleichgewicht ist das untere Niveau stärker mit Elektronen besetzt als das höhere. Wenn auf dieses System eine Strahlung der Frequenz ν einwirkt, so werden bei Erfüllung der Resonanzbedingung

$$h\nu = g\beta H \qquad \text{(V.8)}$$

optimale Bedingungen für den Übergang eines Elektrons vom unteren Niveau auf das höhere geschaffen, und es wird Energie aufgenommen. Die Resonanzbedingung und folglich maximale Energieaufnahme kann man erreichen, wenn die Feldstärken bei einer konstanten Einstrahlungsfrequenz verändert werden. Den gleichen Effekt kann man auch durch Veränderung der Frequenz der zu absorbierenden Strahlung ν erreichen.

Für das freie Elektron ist $g \sim 2{,}00$, während für Elektronen in Koordinationsverbindungen paramagnetischer Ionen eine Reihe neuer Erscheinungen beobachtet wird.

1. Eine Abweichung des g-Faktors vom Wert 2,00 infolge bedeutender Bahnbeiträge; diese Abweichung kann bis zu einem gewissen Grade als Maß für die Kovalenz einer Bindung dienen.
2. Der g-Faktor kann von der Orientierung des Magnetfeldes abhängen; in diesem Fall beobachtet man für Kristalle die Erscheinung der magnetischen Anisotropie. Im einfachsten Fall kann man zwei Komponenten von g unterscheiden: $g_\perp$ und $g_\|$ ($g_\|$ — parallele Komponente, $g_\perp$ — senkrechte Komponente).

   Die Beziehung zwischen ihnen ist folgende:

   $$\bar{g}^2 = \frac{1}{3}\left(g_\|^2 + 2g_\perp^2\right). \qquad \text{(V.9)}$$

   Bei der Aufnahme von ESR-Kristallspektren gelingt es, $g_\perp$ und $g_\|$ getrennt zu bestimmen und auf diese Weise bestimmte Aussagen über die Struktur von Koordinationsverbindungen zu erhalten.
3. Schwache Magnetfelder rufen eine sogenannte Hyperfeinstruktur (HFS) des Spektrums hervor, die von der Größe des magnetischen Kernmoments (J) abhängt. Die Zahl der Komponenten der HFS ist gleich $2J + 1$. Durch die Delokalisierung ungepaarter Elektronen auf die Ligatoratome läßt sich eine Superhyperfeinstruktur (SHFS) beobachten, die durch die Kernmomente der Ligatoratome verursacht wird. Je kovalenter die Bindung in einem Komplex ist, desto größer ist die SHFS-Aufspaltung.
4. Zwischen den ungepaarten Elektronen und dem Kristallgitter stellt sich ein thermisches Gleichgewicht ein; die Zeit, die dafür benötigt wird, heißt Spin-Gitter-Relaxationszeit. Die Spin-Gitter-Relaxation führt zu einer starken Verbreiterung der Linien im ESR-Spektrum. Manchmal sind diese

Linien derart verbreitert, daß es unmöglich ist, sie bei gewöhnlicher Temperatur zu beobachten. In solchen Fällen muß man die ESR-Spektren bei sehr tiefen Temperaturen (Temperatur des flüssigen Stickstoffs oder sogar des flüssigen Heliums) aufnehmen.

Die ESR-Methode zeichnet sich durch eine sehr hohe Empfindlichkeit aus und gestattet, bis zu 10^{-12} paramagnetische Teilchen pro Liter nachzuweisen. ESR-Spektren sind für zahlreiche Biometallkomplexe mit verschiedenen Liganden aufgenommen worden. Einige Eigenschaften von Biometallionen, die für die Aufnahme und Interpretation von ESR-Spektren wichtig sind, sind in Tab. 20 aufgeführt.

Tabelle 20: Einige Eigenschaften von Biometallionen, die für die Aufnahme und Interpretation von ESR-Spektren notwendig sind

Ionen	*J*	Komponentenzahl in der HFS	Bedingungen
$^{55}Mn^{2+}$	5/2	6	hohe Symmetrie der Umgebung oder niedrige Temperatur
$^{58}Fe^{2+}$ $^{57}Fe^{2+}$			niedrige Temperatur
$^{59}Co^{2+}$	7/2	8	niedrige Temperatur
Ni^{2+}			sehr niedrige Temperatur
Cu^{2+}	3/2	4	Zimmertemperatur
$^{95}Mo^{V}$ $^{97}Mo^{V}$	5/2	6	Zimmertemperatur

Wie aus Tab. 20 folgt, scheint die Anwendung der ESR-Spektroskopie für Cu(II)- und Mo(V)-Verbindungen und bei niedrigen Temperaturen für Mn(II)-, Fe(II)- und Co(II)-Verbindungen am aussichtsreichsten zu sein.

Regulär oktaedrische bzw. tetraedrische Mn(II)-Verbindungen ergeben ein gut aufgelöstes Spektrum, das aus sechs Peaks (Signalen) besteht. Für die Mehrzahl der Proteinkomplexe von Mangan(II) erfolgt keine Auflösung der Feinstruktur des ESR-Spektrums, deshalb wurde die Analyse der ESR-Spektren nur zur Bestimmung des Bindungsgrades des Mn^{2+} anhand der Verringerung der Intensität des Spektrums angewendet. Allerdings gelang es in der letzten Zeit, ein gut aufgelöstes ESR-Spektrum für komplexgebundenes Mn(II) in Concanavalin A zu erhalten.

ESR-Spektren des Eisens mit aufgelöster Feinstruktur wurden nur bei tiefen Temperaturen (95 K) für verschiedene Metalloenzyme erhalten, darunter für einige Reduktasen, für Cytochrom und Ferredoxin.

Es wurden ESR-Spektren für einfache Komplexverbindungen des Cobalts und Nickels (Aminosäurekomplexe, Komplexe mit einfachsten Peptiden, Komplexe, die O_2 als Ligand enthalten u. a.) aufgenommen und interpretiert.

Mit der ESR-Methode wurde eine große Anzahl von Koordinationsverbindungen des Kupfers einschließlich kupferhaltiger Proteine untersucht, insbesondere Cu(II)-Transferrin, Cu(II)-Carboxypeptidase, Cu(II)-Insulin, Laccase und Tyrosinase, Ceruloplasmin, Oxydasen u. a. Die erhaltenen Spektren weisen auf eine sehr komplizierte Struktur der Atomanordnung am Kupfer(II) und auf die Anwesenheit einiger unterschiedlicher Chromophore mit Kupfer(II) als Zentralmetall hin.

Im ESR-Spektrum der Xanthin-Oxydase, die Molybdän, ein Flavin-Adenin-Nucleotid (FAD) und Nichthämeisen enthält, gibt es drei Gruppen von ESR-Signalen: Ein zum FADH zugehöriges Singulett, ein zum Mo^{V} gehöriges Quartett und eine zum Eisen gehörende Gruppe mit schwer auflösbarer Feinstruktur.

Die hochauflösende *Kernresonanzspektroskopie* (NMR) [6, 9] findet in der organischen Chemie und in der Koordinationschemie breite Anwendung, wobei verschiedene Atomkerne spektroskopiert werden. Die größte Bedeutung und weiteste Verbreitung besitzt die Protonenresonanz (PMR), obwohl in jüngster Zeit auch die Kerne ^{31}P, ^{13}C, ^{23}Na zunehmend an Bedeutung gewinnen. Die physikalischen Grundlagen dieser Methode sind denen der Elektronenspinresonanzspektroskopie ähnlich, allerdings mit dem prinzipiellen Unterschied, daß die Resonanzbedingung gemäß

$$h\nu = 2\mu_K H \tag{V.10}$$

formuliert wird, wobei H — die magnetische Feldstärke, ν — die Einstrahlungsfrequenz, μ_K — das Kernmagneton bedeuten. Für ein und dasselbe Ion kann die Größe μ_K in Abhängigkeit von der Elektronenumgebung des Kerns (Art und Bindung von Nachbaratomen) verschieden sein.

Die Aufnahme elektromagnetischer Energie läßt sich bei Erfüllung der Resonanzbedingung (V.10) beobachten, und das entsprechende Signal erscheint im Spektrum bei der Frequenz ν, die dieser Bedingung entspricht. Die Verschiebung der Frequenz im Vergleich zur Lage des Resonanzsignals einer Standardverbindung heißt chemische Verschiebung.

Die NMR-Spektroskopie erweist sich für die bioanorganische Chemie als eine sehr wichtige Methode für die Bestimmung des Einflusses verschiedener Teilchen, in erster Linie paramagnetischer Zentren, auf die Relaxationszeiten T_1 und T_2 der angeregten Kerne (T_1: Spin-Gitter-Relaxationszeit; T_2: Spin-Spin-(„transversale")-Relaxationszeit).

Paramagnetische Ionen verändern stark die Relaxationszeiten der verschiedenen Kerne, besonders die von Protonen.

Im Experiment bestimmt man τ_c — die Zeit der Dipolwechselwirkung, und τ_e — die Zeit der Spin-Spin-Wechselwirkung. Dabei gelten für das Wassermolekül folgende Beziehungen:

$$\frac{1}{NT_1} = \frac{6}{15} D \cdot q \cdot \tau_C, \quad \text{(V.11)}$$

$$\frac{1}{NT_2} = \frac{7}{15} D \cdot q \cdot \tau_c - cq\tau_\varepsilon, \quad \text{(V.12)}$$

$$D = \frac{S(S+1)\, g^2\beta^2\gamma^2}{r^6[H_2O]}, \quad \text{(V.13)}$$

$$C = \frac{S(S+1)\, A^2}{3h^2[H_2O]}, \quad \text{(V.14)}$$

wobei N — die molare Konzentration der paramagnetischen Metallionen; q — die Anzahl der Wassermoleküle in der ersten Koordinationssphäre; γ — das gyromagnetische Verhältnis der Kerne; A — die Hyperfeinstrukturkonstante (HFS-Konstante); S — die Spinquantenzahl des paramagnetischen Ions bedeuten.

In der bioanorganischen Chemie wurde die ^{23}Na- und ^{43}Ca-NMR-Technik zur Bestimmung der Stabilität entsprechender Komplexe benutzt, insbesondere wurde die Stabilität der Na^+-Komplexe mit RNS anhand der Änderung der Relaxationszeiten in Abhängigkeit vom pH-Wert bestimmt.

Der Einfluß paramagnetischer Ionen auf die Relaxationszeit der Protonen des Wassers und einiger anderer Stoffe wurde am Beispiel von Metalloproteinen untersucht, die Mn^{2+}- und Co^{2+}-Ionen enthalten (Carboxypeptidasen, Argininkinase, Aldolase, Carboanhydrase u. a.). Es wurde beispielsweise gezeigt, daß in der Carboxypeptidase, die Mn^{2+} enthält, die Relaxationszeit der Wassermoleküle (T_1) 0,049 s beträgt, während dieser Wert im Hexaquoion des gleichen Zentralmetalls größer ist (0,78 s) [36].

Die Gl. (V.13) kann zur Bestimmung des Abstandes eines paramagnetischen Zentrums vom untersuchten Proton benutzt werden. Die Bestimmung dieser Abstände ist recht genau, weil die Abhängigkeit der Bandenverbreiterung im NMR-Spektrum, wie aus Gl. (V.13) folgt, durch r^6 bestimmt wird.

Die *Mößbauer-Spektroskopie* [5] wird in der bioanorganischen Chemie praktisch nur bei der Untersuchung von eisenhaltigen Komplexen angewendet. Sie untersucht Übergänge zwischen Kernniveaus, die durch praktisch rückstoßfreie Resonanzabsorption von γ-Strahlen zustande kommen (γ-Resonanzspektroskopie). So bildet sich beim Zerfall des Kerns ^{57}Co der Eisenkern ^{57}Fe, der γ-Quanten der Energie 14,41 eV aufnehmen kann. Diese Energie hängt von der Umgebung des Eisenatoms ab und kann sich in ihrem Wert von der für reines (metallisches) Eisen um einen gewissen Betrag unterscheiden, der als Isomerieverschiebung bezeichnet wird. Zur Kompensation der Differenz der Anregungsenergie des Eisenatoms im freien Zustand und in seinen verschiedenen chemischen Verbindungen benutzt man den DOPPLER-Effekt, d. h., man verschiebt die zu untersuchende Probe in Richtung zum Strahler (oder von ihm weg) mit einer bestimmten Geschwindigkeit (ausgedrückt in mm/s). Eine Geschwindigkeitsänderung um 1 mm/s entspricht einer Änderung der Größe der Verschiebung um $4{,}9 \times 10^{-8}$ eV.

Eisenkerne sind im angeregtem Zustand durch die Quantenzahl $J = 3/2$ charakterisiert und können folglich zwei Zustände einnehmen: $J = 3/2$, $J = 1/2$. Das Vorhandensein dieser verschiedenen Zustände führt zum Auftreten der sogenannten Kernquadrupolaufspaltung in den MÖSSBAUER-Spektren. Die Größe der Kernquadrupolaufspaltung hängt vom Spinzustand und der Symmetrie der Umgebung des Eisenatoms ab.

Die MÖSSBAUER-Spektroskopie wurde auf die Untersuchung eines eisenhaltigen Proteins — des Ferredoxins — angewendet. Dabei konnte ein wesentlicher Unterschied in den Spektren der oxydierten und der reduzierten Form des Eisens beobachtet werden.

Die gleiche Methode wurde zur Untersuchung eines anderen eisenhaltigen Proteins — des Hämerythrins — eingesetzt.

Aus dem Dargelegten ist ersichtlich, daß die Funktion bei weitem nicht aller Biometalle mit Hilfe physikalisch-chemischer Methoden nachweisbar ist. Besonders schwer lassen sich Koordinationsverbindungen mit Nichtübergangsmetallionen erschließen. Deshalb erfuhr in der bioanorganischen Chemie die Methode der Metallsubstitution eine weite Verbreitung, d. h. der Austausch eines schwer nachweisbaren Ions im Biokomplex gegen ein Ion, das leichter zu untersuchen ist.

Damit ein solcher Austausch möglich ist, sind folgende Bedingungen einzuhalten:

1. Vergleichbare Größe (Ionenradien) der auszutauschenden Ionen (isomorpher Austausch).
2. Gleiche Koordinationszahlen der auszutauschenden Ionen.
3. Möglichst große Ähnlichkeit in den äußeren Elektronenschalen und vergleichbare Koordinationstendenz zu gleichen Ligatoratomen.

In Tab. 21 sind die Ausgangs- (nativen) Kationen und die ausgetauschten Ionen angegeben, die mit physikalisch-chemischen Methoden untersuchbar sind. Die Liste ist natürlich noch erweiterungsfähig.

Beim Austausch eines Ions gegen ein anderes ist die Frage interessant, ob die biologische Funktion nach einer solchen Substitution erhalten bleibt oder nicht. Die Bejahung der Frage zeugt von der Gleichwertigkeit der gegeneinander ausgetauschten Ionen.

Tabelle 12: Ausgetauschte Ionen in Biokomplexen

Ausgangs- (Nativ-) Ionen	Ionenradien und Koordinationszahl	ausgetauschte Ionen	Ionenradien und Koordinationszahl	Untersuchungsmethoden für ausgetauschte Ionen
K^+	1,33; 6,8	NH_4^+	1,43	chemische; Schwingungsspektroskopie
		Co^+	1,65; 8	NMR
		Tl^+	1,49; 8	NMR, Fluoreszenzspektroskopie
Mg^{2+}	0,78; 6	Mn^{2+}	0,91; 6	ESR, Paramagnetismus
		Ni^{2+}	0,78; 6	*d-d*-Spektren
Ca^{2+}	1,06; 6,8	Mn^{2+}	0,91	ESR, Paramagnetismus
		Eu^{2+}	1,12	Paramagnetismus, MÖSSBAUER-Spektroskopie
		Ln^{2+}*)	1,00–1,20	Paramagnetismus, Fluoreszenzspektroskopie
Fe^{3+}	0,63; 6	Ln^{3+}**)	0,93–1,00	Paramagnetismus, Fluoreszenzspektroskopie
Zn^{2+}	0,83; 4,6	Co^{2+}	0,82; 4,6	*d-d*-Spektren

*) Lanthanoidionen
**) Lanthanoidionen der zweiten Halbreihe

Kapitel VI

Die biologische Funktion der Biometalle

Die Mechanismen der biologischen Wirkung von Alkali- und Erdalkalimetallionen sind bis jetzt noch nicht endgültig aufgeklärt, nach wie vor behandelt eine große Anzahl von Arbeiten diese Frage.

Eines der wichtigsten Probleme ist in diesem Zusammenhang die Verteilung von Na^+ und K^+ zwischen dem intra- und extrazellulären Raum, wobei ein Überschuß von Na^+ im extrazellulären und von K^+ im intrazellulären Raum beobachtet wird. Eine solche ungleichmäßige Verteilung kann lediglich durch ständigen Verbrauch von freier Energie aufrecht erhalten werden.

Zumeist wird dieses Phänomen, das als *Natriumpumpe* bezeichnet wird, wie folgt erklärt: Es gibt ein Phosphoproteid (an Serin gebundene Phosphatgruppe), das mit Kalium eine stabilere Verbindung als mit Natrium bildet. Diese Verbindung (KP) kann die Zellmembran durchdringen und gibt dann infolge einer Phosphorylierungsreaktion mit ATP Kaliumionen ab:

$$K^+P + ATP \rightarrow PP + ADP + K^+ \qquad (VI.1)$$

Das phosphorylierte Phosphatoprotein (PP) vermag Natriumionen zu binden und somit durch die Membran nach außen zu transportieren. Die dabei vor sich gehenden Prozesse sind schematisch in Abb. 11 dargestellt.

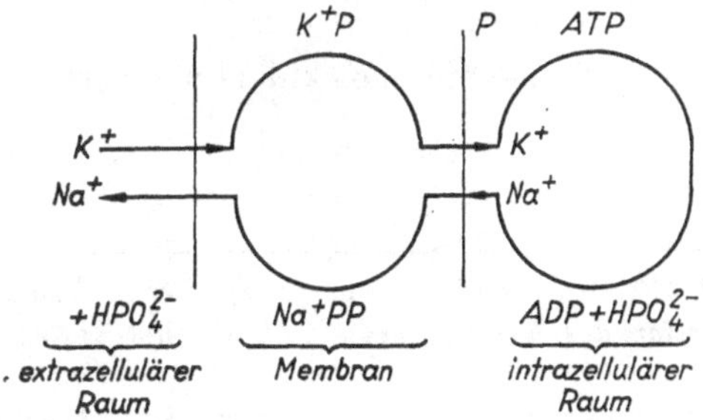

Abb. 11. Schematische Darstellung des Kalium- und Natrium-Austausches durch die Membran

Die Wirkung dieser „Pumpe" wird durch einige herzanregende Arzneistoffe — Kardiaka — (z. B. Digitalisglycoside) inhibiert.

Calcium und Magnesium sind Bestandteil vieler biologischer Strukturen. Sie sind speziell am *Aufbau der Zellwände* beteiligt und werden über Carboxylgruppen an bestimmte Struktureinheiten gebunden.

Es ist interessant, daß einige Bakterienarten durch Äthylendiamintetraazetat abgetötet werden, verursacht durch eine „Auflösung" der Zellwände infolge der Bildung löslicher Komplexe des Typs $MEDTA^{2-}$.

Weiterhin wurde nachgewiesen, daß Magnesiumionen (Mg^{2+}) bestimmte Subeinheiten der Ribosomen untereinander zu binden vermögen. Eine Vergrößerung des Verhältnisses $C_{K^+}/C_{Mg^{2+}}$ führt zu einem Zerfall der größeren Ribosomen in Subeinheiten und zu einer *Veränderung der Struktur der* RNS, die sich an den Ribosomen befindet.

Die Ca^{2+}-Ionen spielen eine besondere Rolle bei der *Kontraktion und Erschlaffung der Muskeln.* Dabei treten die Calciumionen in Wechselwirkung mit den Muskeleiweißen (Actin und Myosin).

Kalium- und Natriumionen sind außerdem verantwortlich für die Weitergabe von *Nervenimpulsen*[1].

Eisenionen binden in bestimmten Biokomplexen molekularen Sauerstoff und erfüllen auf diese Weise die Funktion der *Speicherung* und des *Transports* molekularen Sauerstoffs. Sauerstoff ist für den Ablauf zahlreicher energieliefernder Prozesse, aber auch für die Synthese einer Reihe von Stoffen im Organismus erforderlich.

Manche Biokomplexe des Kupfers und Vanadins vermögen gleichfalls O_2 zu binden [3].

Die wichtigsten Proteine, die Transport- bzw. Speicherungsfunktionen für O_2^{2-} zu erfüllen haben, sind eisenhaltige (Myoglobin, Hämoglobin und Hämerythrin), kupferhaltige (Hämocyanin) und vanadinhaltige (Hämovanadin) Verbindungen.

Zur Aufklärung der Art der Bindung von molekularem Sauerstoff an diese Komplexe ist es notwendig, einige Eigenschaften von O_2^{z-}-Teilchen zu kennen (Tab. 22).

Eine reversible Wechselwirkung von Metallionen mit molekularem Sauerstoff [3] kann auf zwei Wegen erfolgen:

$$M^{n+} + O_2 \rightleftharpoons M^{n+}O_2 \qquad \text{(VI.2)}$$

[1] Siehe hierzu auch: ERMISCH, A.: *„Auf den Nerv gefühlt"*, Urania-Verlag, Berlin, Jena, Leipzig 1975; SCHADE, J. P.: *„Die Funktion des Nervensystems"*, G. Fischer-Verlag, Jena 1977 (*Anm. der Herausgeber*).

[2] Siehe hierzu auch: LEONARD, K., JOSEPH P., STANLEY, S. K.: J. chem. Educat. **50**, 670 (1975); BASOLO, F., HOFFMANN, B. M., IBERS, J. A.: Accounts Chem. Res. 8, 384 (1975); MCLENDON, G., MARTELL, A. E.: Coord. Chem. Rev. **19**, 1 (1976) (*Anm. der Herausgeber*).

Tabelle 22: Einige Eigenschaften von O_2^{z-}-Teilchen

Teilchen	Besetzung der Orbitale			Terme und ihre Energie [eV]	Abstand O–O [Å]	Protonen-affinität [kcal/mol]
	$\sigma_g(p_z)$	$\pi_u(p_x p_y)$	$\pi_g(p_x p_y)$			
Sauerstoff O_2	2	4	2	${}^3\Sigma_g$ ${}'\Delta_g(23{,}4)$ ${}'\Sigma_g(37{,}5)$	1,21	119
Superoxid O_2^-	2	4	3	${}^2\pi_u$	1,28	351
Peroxid O_2^{2-}	2	4	4	${}^1\Sigma_g$	1,49	529

oder

$$2M^{n+} + O_2 \rightleftharpoons M^{n+}{}_2O_2 \qquad \text{(VI.3)}$$

Der Ablauf dieser Reaktionen erfordert die Einhaltung streng definierter Bedingungen sowohl in bezug auf die Symmetrie als auch die Energie der Metallorbitale. Das Sauerstoffmolekül weist eine ziemlich komplizierte Elektronenstruktur auf, mit drei für eine Bindung geeigneten Orbitalen von verschiedener Symmetrie (σ_g, π_u, π_g). Die Orbitale σ_g und π_u können nur als Donororbitale auftreten, während π_g infolge zweier vakanter Plätze ein Akzeptororbital sein kann. Das Sauerstoffmolekül betätigt bei der Komplexbildung sowohl seine Donor- als auch seine Akzeptorfunktionen.

Folglich vermag O_2 ziemlich stabile Komplexe vorwiegend mit solchen Metallen zu bilden, die gleichfalls π-Akzeptor- und π-Donorverhalten aufweisen.

Die Abb. 12 und 13 zeigen schematisch die Bindungswechselwirkung zwischen Metall- und Sauerstofforbitalen bei der Bildung eines sogenannten „edge-on"-Komplexes. Wie aus den Abbildungen ersichtlich, sind in solchen Komplexen die Wechselwirkungen $d_{xz} \to \pi_g$; $\pi_u \to d_{z^2}$; $\sigma_g \to d_{z^2}$ maßgebend. Die Wechselwirkungen des O_2-Moleküls mit den s- und p-Metallorbitalen sind nicht gezeigt, da es sich hier um Donor-Akzeptor-Wechselwirkungen handelt ($\pi_u \to s$, p und $\sigma_g \to s$, p), die auf Grund der großen Energiedifferenz nur sehr schwach sein können.

Aus den Abb. 12 und 13 folgt weiterhin, daß die „Abstände" zwischen den d_{z^2}- und d_{xz}-Orbitalen minimal sein müssen. Diese Bedingung ist in quadratischen (siehe Kap. IV) oder tetragonal-bipyramidalen Komplexen bei ent-

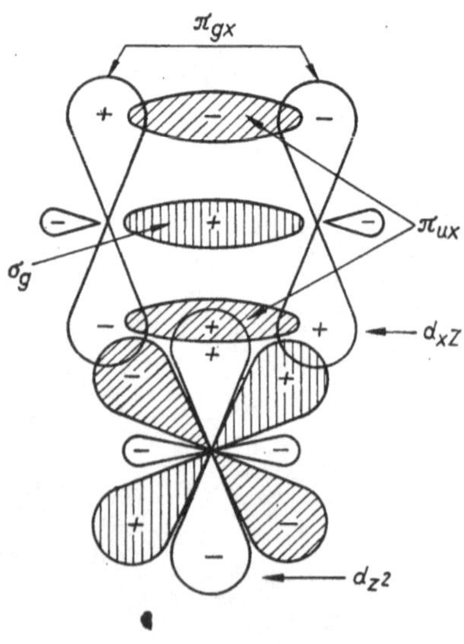

Abb. 12. Schematische Darstellung der Bindungsverhältnisse in "edge on"-Sauerstoffkomplexen
σ_g, π_{ux}, π_{gx} — O_2-Orbitale; d_{xz}, d_{z^2} — Metallorbitale; schraffiertes Gebiet — besetzte Orbitale; nichtschraffiertes Gebiet — unbesetzte Orbitale

sprechender „Auswahl" des axialen Liganden (gegenüber dem O_2-Molekül) erfüllt. Ein in diesem Sinne geeigneter Ligand muß demnach minimalen Wechselwirkungen mit dem d_{z^2}- und maximalen mit dem d_{xz}-Orbital unterliegen.

Das Bindungsschema von Komplexen des Typs $M—OO—M$ ist in Abb. 14 wiedergegeben. Der wahrscheinlichste Typ der Bindung ist hier eine gewinkelte Koordination durch Überlappung der vollständig oder teilweise besetzten d_{z^2}-Metallorbitale mit den π_g*-Orbitalen des Sauerstoffmoleküls. Bei einer

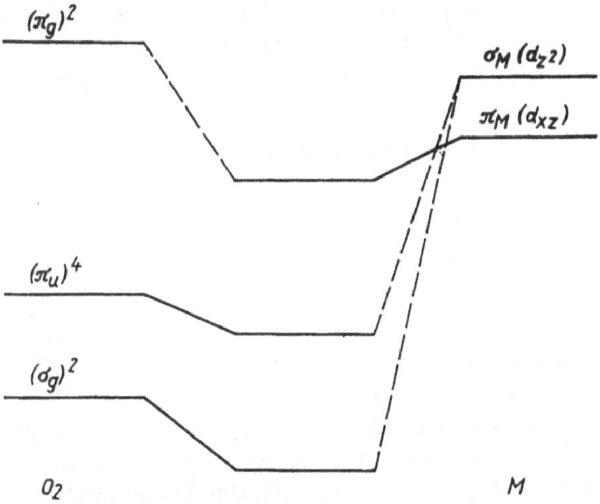

Abb. 13. Schema der bindenden Molekülorbitale im Komplex MO_2
Die Molekülorbitale sind durch ausgezogene Linien mit den Atomorbitalen AO (oder MO) verbunden, die den grundlegenden Bindungsbeitrag leisten, und durch punktierte Linien mit anderen AO (oder MO).

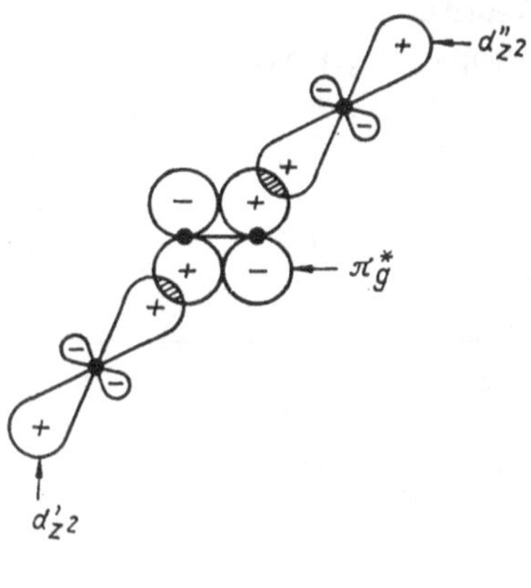

Abb. 14. Wechselwirkung der d_{z^2}-Orbitale zweier Metallatome mit dem π_g*-Orbital des Sauerstoffmoleküls

solchen Wechselwirkung wird ein Teil der Elektronendichte vom Metallatom auf das Sauerstoffmolekül übertragen. Dabei wächst die effektive positive Ladung am Metallatom an, und am Sauerstoffmolekül erscheint eine überschüssige negative Ladung, wodurch die O – O-Bindung gelockert wird.

Analoge gewinkelte Strukturen können auch in Einkern-O_2-Komplexverbindungen auftreten (sogenannte end-on-Strukturen).

Das Sauerstoffmolekül verfügt über die Fähigkeit, Elektronen aufzunehmen, und ist deshalb ein gutes Oxydationsmittel. Wenn bei den Metallionen die reduzierenden Eigenschaften stark ausgeprägt sind, dann werden sie leicht durch molekularen Sauerstoff oxydiert unter Umwandlung des letzteren in ein Wasserstoffperoxid- oder sogar Wassermolekül, wie aus den angegebenen Reaktionen und ihren Elektrodenpotentialen hervorgeht:

System	Standardelektrodenpotential[1] [V]
$O_2 + e = O_2^-$	−0,4
$O_2 + H^+ + e = HO_2$	−0,1
$O_2 + 2H^+ + 2e = H_2O_2$	+0,68
$O_2 + 4H^+ + 4e = 2H_2O$	+1,23

Komplexe mit molekularem Sauerstoff sind durch eine weitere wichtige Besonderheit gekennzeichnet – durch die Schwierigkeiten bei der Zuordnung der formalen Oxydationszahl des Zentralmetalls in solchen Verbindungen. Tatsächlich geht ein Teil der Elektronendichte vom O_2 auf das Metallion über, dabei ergibt sich ein gewisser Energiegewinn auf Kosten der Donor-Akzeptor-Wechselwirkung und der Bildung von Molekülorbitalen, die in der Hauptsache am Sauerstoffmolekül lokalisiert sind. Parallel dazu verläuft in entgegengesetzter Richtung die Verschiebung eines Teils der Elektronendichte vom Metall auf die Sauerstofforbitale. Dieser Prozeß kann zu einem vollständigen Übergang der Elektronen zum O_2 unter Bildung von O_2^- oder O_2^{2-} führen, verbunden mit einer Erhöhung der Oxydationszahl des Metalls.

Man kann annehmen, daß sich stets Atomgruppierungen vom Typ

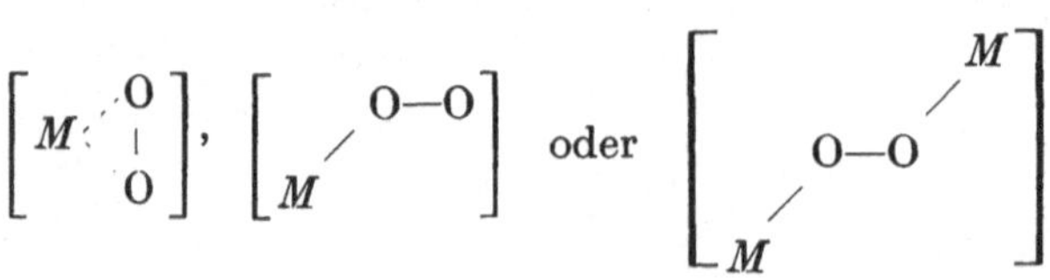

---

[1] In der deutschsprachigen Literatur werden die Standardelektrodenpotentiale für das Gleichgewicht

$$\text{Reduktionsmittel} \rightleftharpoons \text{Oxydationsmittel} + e^-$$

angegeben (*Anm. der Herausgeber*).

bilden, in denen eine exakte Zuordnung der Oxydationszahl des Zentralmetalls sehr problematisch ist, wie die folgenden Möglichkeiten für $[FeO_2Fe]^{4+}$ zeigen: $[Fe^{2+}O_2Fe^{2+}]$, $[Fe^{2+}O_2^{-}Fe^{3+}]$ und $[Fe^{3+}O_2^{2-}Fe^{3+}]$. Ähnliche Verhältnisse kann man auch bei sauerstoffüberbrückten Cobaltkomplexen beobachten. Der O—O-Abstand in solchen Komplexen beträgt 1,31 Å. Da dieser Bindungsabstand nahezu dem des freien O_2^--Ions entspricht, kann man diese Komplexverbindungen als $Co^{III}O_2^-Co^{III}$ formulieren. Diese Formulierung wird auch durch ESR-Daten unterstützt, die lediglich ein ungepaartes Elektron erkennen lassen.

Gehen wir nun zur Betrachtung der in der Natur anzutreffenden Metalloproteine über, die fähig sind, molekularen Sauerstoff zu binden und zu transportieren.

Myoglobin ist das einfachste Metalloprotein, das molekularen Sauerstoff reversibel zu binden vermag (Tab. 23).

Tabelle 23: Eigenschaften von Metalloproteinen, die reversibel gebundenen molekularen Sauerstoff enthalten

Metalloprotein	Biometall im Protein	Molmasse	Zahl der Eiweißsubeinheiten	Koord.-Zahl	M/O_2
Myoglobin	Fe	17500	1	$5 + O_2$	1 : 1
Hämoglobin	Fe	64450	4	$5 + O_2$	1 : 1
Hämerythrin	Fe	107000	8	$5 + O_2$	2 : 1
Hämocyanin	Cu	3750000	viele	unbekannt	2 : 1
Hämovanadin	V	27500	1	$5 + O_2$	1 : 1

Die Struktur des Myoglobins ist mit Hilfe der Röntgenstrukturanalyse hinreichend genau bestimmt worden. Myoglobin besteht aus 153 Aminosäuren; die Sekundärstruktur stellt eine α-Helix dar, wobei die Aminosäuren so angeordnet sind, daß ihre hydrophilen Gruppen nach außen und die hydrophoben nach innen gerichtet sind. Diese Anordnung ist offensichtlich sehr bedeutsam. Das wird auch dadurch bestätigt, daß die Fe^{II}-Porphyrine nur in nichtwäßrigen und unpolaren Lösungsmitteln stabil gegenüber Oxydationsmitteln sind.

Das aktive Zentrum des Myoglobins ist der Porphyrinkomplex des Eisen(II) — das Häm; er ist mit dem Eiweiß über die Imidazolgruppe des Histidins verbunden. Weiterhin wurde eine Bindung der Carboxylgruppen des Porphyrins an den Endgruppen des Proteins nachgewiesen.

Hämoglobin ist ein Metalloprotein mit bedeutend größerer Molmasse. Es besteht aus zwei Paaren einfacherer Subeinheiten (α, α', β, β'), von denen jede einen Hämrest enthält.

Hämoglobin kann, wie auch alle anderen O_2-Überträger, in zwei Formen auftreten: desoxygeniert (Desoxyform) und oxygeniert (Oxyform). In der ersteren liegt Fe(II) im high-spin-Zustand ($S = 2$) vor. Dadurch wird es etwas aus der Porphyrinringebene herausgehoben, da es sozusagen nicht mehr in das „Porphyrinfenster" hineinpaßt. In der zweiten Form (nach der edge-on-Anlagerung des Sauerstoffs) ist das Eisen(II) durch einen low-spin-Zustand ($S = 0$) gekennzeichnet und befindet sich in der Porphyrinringebene. Ursache für diese Strukturänderungen sind unterschiedliche Ionenradien von Fe(II) im high-spin- und low-spin-Zustand. Darauf weisen auch Unterschiede in den Fe—N-Bindungsabständen der beiden Formen des Hämoglobins hin (2,90 Å in der Desxoxyform und 2,00 in der Oxyform).

Im Hämoglobin ist wie im Myoglobin die Koordinationszahl des Eisens vor der Sauerstoffaufnahme gleich 5[1]. Diese fünf Plätze sind mit Stickstoffligatoren besetzt (vier Porphyrin-N, ein Imidazol-N vom sogenannten proximalen Histidin). Der wesentliche Einfluß des fünften, an der Spitze der quadratischen Pyramide befindlichen Liganden auf die Festigkeit der Bindung des Sauerstoffmoleküls an das Zentralmetall wurde bereits hervorgehoben. Nach der Koordination von O_2 an das Eisenatom vergrößert sich dessen Koordinationszahl auf sechs (sieben?). Die Bindung von O_2 verändert wesentlich die Struktur des gesamten Proteinmoleküls sowie die Konformation einer Reihe von Aminosäuren der Peptidkette.

Die Aufnahme von Sauerstoff durch Hämoglobin ist stark vom pH-Wert der Lösung abhängig, in der der Sauerstoff gelöst ist (Bohr-Effekt). Hämoglobin hat ein besseres O_2-Aufnahmevermögen als Myoglobin.

Bemerkenswert ist die Synthese einer Reihe von Verbindungen, die Häm enthalten und in Analogie zum Hämoglobin in der Lage sind, molekularen Sauerstoff reversibel aufzunehmen. Bei der Darstellung dieser Verbindungen war es notwendig, das Hämeisen hydrophob zu umgeben oder Häm auf Kieselgel aufzutragen.

Die Thermodynamik und Kinetik der Bindung molekularen Sauerstoffs an Hämoglobin oder Myoglobin sind hinreichend bekannt.

Hämerythrin ist gleichfalls ein eisenhaltiges Protein, das zur reversiblen Sauerstoffbindung fähig ist und sich durch eine im Vergleich zum Hämoglobin größere Molmasse auszeichnet. Sein Makromolekül besteht aus acht identischen Subeinheiten, deren jede 113 Aminosäuren und je zwei Eisenatome enthält.

Jedes Eisenion wird von vier Histidinresten umgeben, die sich an den

---

[1] Das sogenannte distale Histidin des Hämoglobins befindet sich in größerem Abstand auf der 6. Koordinationsstelle des Zentralmetalls (*Anm. der Herausgeber*).

Ecken eines Quadrates befinden; die Besetzung der fünften Koordinationsstelle ist bisher nicht geklärt. Die Eisenatome sind paarweise gruppiert und nur wenig voneinander entfernt. Zwischen diesen Eisenatomen kann ein Sauerstoffmolekül gebunden werden, wobei sich die Gruppierung [FeO_2Fe] bildet, die in der Lage ist, das Sauerstoffmolekül abzuspalten und aufs neue reversibel zu binden. Im Desoxyhämerythrin sind paramagnetische Fe^{2+}-Ionen enthalten; die Oxydationszahl des Eisens im Oxyhämerythrin ist bisher nicht völlig geklärt. Die folgenden drei Strukturen sind möglich:

$$\underbrace{Fe^{II}O_2Fe^{II}}_{Hr}; \quad \underbrace{Fe^{II}O_2^{-}Fe^{III}}_{Hr}; \quad \underbrace{Fe^{III}O_2^{2-}Fe^{III}}_{Hr}$$

(Hr-Hämerythrinrest)

Die Absorptionsspektren beider Formen des Hämerythrins weisen drei Banden auf (330, 380, 500 nm). In der Oxyform erweisen sich die Banden bei 380 und 500 nm als optisch aktiv (COTTON-Effekt!); in der Desoxyform ist nur eine Bande (380 nm) optisch aktiv. Der COTTON-Effekt dieser Bande ist in der Desoxyform stärker ausgeprägt als in der Oxyform. Diese Daten zeugen von konformativen Veränderungen im Makromolekül des Eiweißes bei der Aufnahme und Abgabe von Sauerstoff.

Hämocyanin, das in verschiedenen Mollusken gefunden wurde, ist ein kupferhaltiges Protein, das molekularen Sauerstoff reversibel aufnimmt. Seine Struktur ist ungenügend aufgeklärt. Von den übrigen Metalloproteinen, die molekularen Sauerstoff aufnehmen und transportieren können, unterscheidet es sich jedoch sehr wesentlich.

Die Molmasse seiner Subeinheiten liegt zwischen 25000 und 75000, die des gesamten Proteins beträgt annähernd 4 Millionen (siehe Tab. 23). pH-Änderungen sind von großem Einfluß auf das O_2-Aufnahmevermögen des Hämocyanins. So wird bei einer pH-Änderung um lediglich 0,13 etwa ein Drittel des aufgenommenen Sauerstoffs aus dem Hämocyanin in Freiheit gesetzt.

Die Desoxyform des Hämocyanins ist farblos, was davon zeugt, daß in dieser Form nur Kupfer(I) vorliegt. Die Oxyform ist von tiefblauer Farbe und wird durch drei Absorptionsbanden charakterisiert (440, 570, 700 nm; $\varepsilon \sim 500 \text{ mol} \times l^{-1} \times \text{cm}^{-1}$). Diese Banden indizieren die Anwesenheit von Kupfer(II) in der Oxyform des Hämocyanins. Eine Bande bei 347 nm ($\varepsilon = 8900 \text{ mol} \times l^{-1} \times \text{cm}^{-1}$) ist offensichtlich vom Charge-Transfer-Typ.

Bei der Oxygenierung des Hämocyanins verändert sich auch das ORD-Spektrum dieser Verbindung.

Die Struktur der sauerstoffbindenden Gruppe ist bisher noch nicht aufgeklärt; allerdings ist bekannt, daß sie zwei Kupferatome pro gebundenes Sauerstoffmolekül enthält. Die Art der Bindung des Zentralmetalls an das

Protein ist noch unbekannt. Es wurde lediglich festgestellt, daß in der Nachbarschaft der beiden aktiven Kupferatome keine reduzierenden funktionellen Gruppen (Sulfhydrylgruppen) sowie nur minimale Mengen an Wasser sein können.

Das Sauerstoffmolekül ist ein ungewöhnlicher Ligand, und Sauerstoffkomplexe spielen eine große Rolle in den Lebensprozessen. Die Spezifizität des Sauerstoffmoleküls wird dadurch bestimmt, daß es gleichzeitig als σ-Donor-(π_u- und σ_g-Orbitale) und π-Akzeptorligand zu koordinieren vermag. In Verbindung damit ist es zweckmäßig, an die von uns vorgeschlagene Klassifizierung der Biometalle und Bioliganden zu erinnern, die auf der Symmetrie der sich bildenden Bindungen (σ oder π) wie auch auf ihren Donor-Akzeptor-Eigenschaften beruht.

Die Unterteilung der Metallionen in drei Gruppen (mit je zwei Untergruppen) ist zweifellos vorteilhaft. Tatsächlich können alle Teilchen der dritten Gruppe (CO, CN^- und vielleicht in sehr geringem Maße auch N_2) mit denjenigen Metalloproteinzentren in Wechselwirkung treten, die Sauerstoffmoleküle zu binden vermögen. Dennoch ist diese Klassifizierung nur bis zu einem gewissen Grade anwendbar.

So gehört das CN^- zur Ligandengruppe IIIb (σ-Donor, π-Akzeptor); allerdings ist dieses Ion durch derart starke σ-Donor-Eigenschaften gekennzeichnet, daß es feste Bindungen sogar ohne π-Akzeptorwechselwirkungen bilden kann (z. B. mit den Ionen H^+, Zn^{2+}, Cd^{2+}), d. h., mit Kationen der Gruppe IIa. Einige Anionen der Gruppe II zeigen π-Akzeptor-Eigenschaften.

Untersuchungen an Koordinationsverbindungen mit molekularem Sauerstoff als Liganden werden bereits seit Jahrzehnten durchgeführt [3]. Solche Verbindungen besitzen als einfache Modelle großes Interesse für die bioanorganische Chemie, da sie wie die komplizierteren biologischen Systeme molekularen Sauerstoff reversibel aufzunehmen, zu speichern und zu transportieren vermögen.[1] Stabile Verbindungen mit molekularem Sauerstoff besitzen als mögliche „Speicher" für dieses Element auch eine wichtige Bedeutung für die Praxis.

Am meisten untersucht sind Cobalt(II)-Komplexe mit molekularem Sauerstoff. Cobalt(II)-Zweikernkomplexe mit einer aus zwei Sauerstoffatomen bestehenden Brücke sind bereits seit langem bekannt. Sie bilden sich z. B. beim Durchleiten von Sauerstoff durch ammoniakalische oder aminhaltige Lösungen von Cobalt(II)-Salzen. Der O—O-Abstand in einigen dieser Komplexe beträgt 1,31 Å und entspricht damit dem Abstand, der für das Superoxidion (O_2^-) charakteristisch ist.

[1] Siehe hierzu auch: „*Molecular Mechanisms of Oxygen Activation*" (Osamu Hayaishi, ed.), New York 1975 (*Anm. der Herausgeber*).

Besonders intensiv wurden Cobaltkomplexe mit Sauerstoff untersucht, die als weitere Liganden Bis-(salicylaldehyd)-äthylendiimin, seine Derivate, aber auch Aminosäuren (Histidin, Lysin, Arginin, Serin) und Peptide enthalten. Diese Komplexe sind planar, und das Sauerstoffmolekül bildet eine Brücke zwischen zwei im Komplex gebundenen Cobaltatomen.

Auch andere Metalle bilden „reversible" Komplexe mit molekularem Sauerstoff; allerdings geht eine Diskussion ihrer Eigenschaften über den Rahmen dieses Buches hinaus [3].

Es ist noch zu bemerken, daß die wichtigste Funktion der Biometalle im Organismus ihre Teilnahme (in Form sogenannter Metalloenzyme) an der *Katalyse* vieler *lebensnotwendiger Reaktionen* ist.

Die Biometalle treten häufig als Coenzyme oder sogenannte prosthetische Gruppen auf. Als Coenzym bezeichnet man einen leicht von einem Enzym abtrennbaren Teil. Der verbleibende; in der Regel nichtaktive Teil des Enzyms heißt Apoenzym:

$$\text{Enzym} \rightleftharpoons \text{Coenzym} + \text{Apoenzym}$$

Schließlich ist noch zu vermerken, daß, obwohl bestimmte Metallionen eine bedeutende Rolle in der Enzymatik (Biokatalyse) spielen, dennoch eine große Anzahl von Enzymen bekannt ist, die keine Metallionen enthalten.

Es erweist sich als zweckmäßig, biokatalytische Reaktionen in zwei große Gruppen einzuteilen, in hydrolytische Reaktionen und Redoxreaktionen, an die auch die Fixierung von Luftstickstoff angrenzt.

Enzyme, die Hydrolysereaktionen katalysieren (sogenannte *Hydrolasen*), enthalten Ca^{2+}-, Mg^{2+}-, Zn^{2+}- und Mn^{2+}-Ionen. Enzyme, die Redoxprozesse katalysieren (sogenannte *Oxydoreduktasen*), können Eisen, Kupfer, Molybdän und Cobalt enthalten. Die letztere Gruppe von Enzymen ist häufiger und bedeutsamer für die Lebensprozesse.

Kapitel VII

Metalloenzyme als Hydrolysekatalysatoren (Hydrolasen)[1] [30, 31, 36]

Hydrolysereaktionen erfordern keine Elektronenübertragung und daher auch keine Veränderung der Oxydationszahlen von Substratatomen. Deshalb ist es verständlich, daß Metalloenzyme, die solche Reaktionen katalysieren, Zentralmetalle enthalten, die durch Konstanz der Oxydationszahl gekennzeichnet sind: Zink(II), Magnesium(II), Calcium(II) und – weitaus seltener – das redoxlabile Mangan(II).

Die einfachste Reaktion, die durch Metalloenzyme dieses Typs katalysiert wird, ist die Umwandlung von CO_2 in Bicarbonat (oder umgekehrt):

$$CO_2 + OH^- \rightleftharpoons HCO_3^-. \qquad \text{(VII.1)}$$

Die Reaktion (VII.1) verläuft auch ohne Katalysatoren, allerdings erfordert der normale Ablauf der Lebensprozesse ihre Beschleunigung. Diese Beschleunigung wird durch ein zinkhaltiges Enzym, die *Carboanhydrase*[2], erreicht. Dieses Enzym ist in drei Formen anzutreffen, es hat eine Molmasse der Größenordnung 30000 und besteht aus 260 Aminosäuren. Die Form des Makromoleküls der Carboanhydrase ist annähernd ellipsoidal in den Ausdehnungen $40 \times 45 \times 55$ Å.

Im Makromolekül des Metalloenzyms findet sich eine tiefgelegene „Tasche", deren innere Oberfläche von hydrophoben Gruppen der Aminosäurereste bedeckt ist. In dieser Tasche befindet sich das für den Ablauf der Reaktion (VII.1) unentbehrliche Zinkion, das über die Imidazolgruppen dreier Histidinreste gebunden ist. Die vierte Koordinationsstelle ist durch ein Wassermolekül oder ein Hydroxidion besetzt. Die Struktur der Carboanhydrase ist durch Röntgenbeugungsmethoden im Detail untersucht worden.

Das Zinkion der Carboanhydrase kann ersetzt werden durch andere Ionen, wie Cobalt, Mangan, Nickel, Kupfer, Quecksilber, Blei, Eisen, Beryllium,

---

[1] Viele Details über Wirkung und Mechanismen von Metalloenzymen finden sich auch in: Gray, C. J.: „*Mechanismen der Enzymkatalyse*", Akademie-Verlag, Berlin 1976 (*Anm. der Herausgeber*).

[2] Carboanhydrase wird zu den Lyasen gerechnet – Carbonathydrolase (4.2.1.1.) (*Anm. der Herausgeber*).

Magnesium und Calcium. Beim Austausch des Zinks gegen Cobalt bewahrt das Enzym seine hohe Aktivität; der Austausch von Zink gegen Mangan oder Nickel erniedrigt dagegen die Aktivität; in den übrigen Fällen wird die Aktivität des Enzyms vollständig unterdrückt.

Die Carboanhydrase kann auch Hydratisierungsreaktionen einiger Aldehyde katalysieren und zeigt Esteraseaktivität.

Da beim Austausch des Zinks gegen Cobalt die katalytische Aktivität des Enzyms sogar erhöht wird, kann man annehmen, daß beide Ionen auf einheitliche Weise koordiniert werden, wodurch vergleichbare Eigenschaften der entsprechenden Koordinationsverbindungen gegeben sind.

Die Untersuchung der Absorptionsspektren der Co^{2+}-Carboanhydrase zeigt, daß die Koordinationssphäre der Cobaltionen verzerrt tetraedrisch ist. Die Absorptionsspektren sind denen von tetraedrisch mit vier Benzimidazolmolekülen koordiniertem Cobalt(II) vergleichbar. Gewöhnlich ist zu beobachten, daß die Symmetrie der nächsten Umgebung ziemlich niedrig ist. Man nimmt an, daß in den Metalloenzymen das Metallion mit den nächsten Atomen eine gespannte, instabile Struktur bildet. Das ist zugleich eine wesentliche Ursache für die hohe katalytische Aktivität von Metalloenzymen.

Für das Enzym Carboanhydrase ist eine Reihe anionischer Inhibitoren charakteristisch, die es stark desaktivieren. Zu diesen Inhibitoren gehören N_3^-, CN^-, CNO^-, $S_2O_4^{2-}$ sowie Sulfonamide ($R-SO_2NH_2$). Die gleichen Anionen desaktivieren auch die Co^{2+}-Carboanhydrase. Die Spektren der cobalthaltigen Enzyme verändern sich nach Zugabe der Inhibitoren. Auf Grund dieser Veränderungen kann man schließen, daß die tetraedrische Koordination des Cobalt(II) zwar erhalten bleibt, wobei allerdings eine Koordinationsstelle von einem Inhibitormolekül besetzt wird. Die Schwingungsspektren der Inhibitoren verändern sich bei der Koordination wesentlich.

Beim Eindringen des CO_2-Moleküls in den Hohlraum des Enzym-Makromoleküls verändert sich dessen Infrarotspektrum nicht wesentlich, was gegen eine koordinative Wechselwirkung zwischen Zentralmetall und CO_2 spricht. Als weiterer Beweis gegen die CO_2-Koordination kann das Fehlen jeglicher Veränderungen im Absorptionsspektrum des cobalthaltigen Enzyms gelten. Das Bicarbonation, das sich nach Reaktion (VII.1) bildet, wird dagegen zweifelsfrei am Zink bzw. Cobalt koordiniert.

Wahrscheinlich verläuft diese Reaktion (VII.1) nach einem „konzertierten" Mechanismus, bei dem das CO_2-Molekül von zwei Seiten durch zwei Reaktanden angegriffen wird (durch das Zinkion und das Hydroxidion):

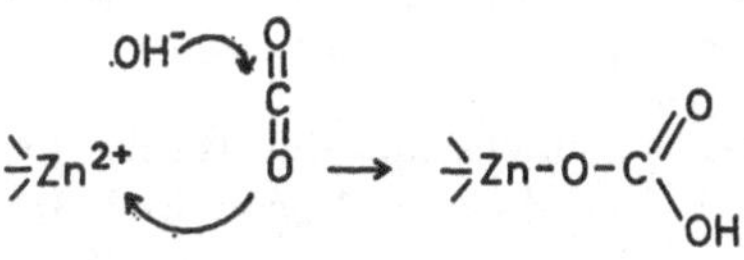

(VII.2)

Andererseits ist aber auch die Bildung des Hydrogencarbonations am katalytischen Zentrum möglich:

(VII.3)

Bis jetzt ist unklar, welchem dieser Mechanismen der Vorzug gegeben werden kann.

Es gibt viele Analogien zwischen der hier betrachteten Reaktion (VII.1) und zahlreichen Peptidhydrolysen. Einige Enzyme, die die Hydrolyse der Peptidbindung katalysieren (sogenannte *Peptidasen*), sind in Tab. 24 angeführt.

Tabelle 24: Einige Enzyme, die die Peptidhydrolyse katalysieren

Reaktion	Enzym	Zentralmetall des Enzyms	Molmasse
Hydrolyse des terminalen C-Restes des Peptids	Carboxypeptidase	Zn^{2+}	34600
Hydrolyse des terminalen N-Restes des Peptids	Aminopeptidase	Mg^{2+} (Mn^{2+}) Zn^{2+}	$\sim$ 400000
Hydrolyse von Dipeptiden	Dipeptidase	Zn^{2+}	47200
Hydrolyse von Peptiden	Protease	Ca^{2+}	—

Folgende hydrolytische Peptidspaltungen sind möglich:

$$\begin{array}{l} H_2N-\underset{\displaystyle R_1}{\underset{|}{C}}HCON\underset{\displaystyle R_2}{\underset{|}{H}}CH \cdots\cdots\cdots \underset{\displaystyle R_{n-1}}{\underset{|}{C}}H-CONH-\underset{\displaystyle R_n}{\underset{|}{C}}H-COO^- \\ \qquad\quad \text{II} \qquad\qquad\qquad\qquad\quad \text{I} \end{array}$$

Bei der Einwirkung der *Carboxypeptidase* wird die Peptidgruppe *I* hydrolysiert; die *Aminopeptidase* erleichtert die Hydrolyse der Gruppe *II*. Die übrigen Enzyme können die Hydrolyse einer beliebigen Peptidgruppe erleichtern. Alle genannten Reaktionen verlaufen nach dem Schema

$$\begin{array}{l} O \quad O^-H \;\; H^+ \\ \| \quad \swarrow \quad \swarrow \\ Y-C\!\!-\!\!\!-\!\!NH-X-Y\text{COOH} + H_2NX \end{array} \qquad \text{(VII.4)}$$

Die Carboxypeptidase ist das meistuntersuchte Enzym aus der Reihe der Peptidasen. Es gibt viele Gemeinsamkeiten zwischen diesem Enzym und der

Carboanhydrase: Vergleichbare Molmassen, annähernd ellipsoidale Form des Makromoleküls (Carboxypeptidasemolekül: 38 × 42 × 50 Å), Anwesenheit einer Tasche, die mit den hydrophoben Resten der Aminosäuren ausgekleidet ist, tetraedrisch koordiniertes Zink in dieser Tasche usw.

Im Unterschied zur Carboanhydrase ist das Zink nur an zwei Imidazolgruppen des Histidins gebunden, der dritte Platz wird von einem Glutaminrest besetzt und der vierte durch ein Wassermolekül, das bei der Enzymreaktion durch ein Substratmolekül verdrängt wird. Das Substrat verbindet sich mit dem Zink über eine C=O-Gruppe der Peptidbindung, und die terminale Carboxylgruppe des Peptids ist mit der Guanidingruppe des Arginins verbunden, das Bestandteil dieses Metalloproteins ist.

Beim Eindringen des Substrats in den Hohlraum des Enzyms läßt sich eine gewisse Konformationsänderung des Proteins beobachten, die auf einer Verdrehung der C_6H_4OH-Gruppe des Tyrosins ins Innere des Hohlraums beruht.

Generell ist die Carboxypeptidase eines der am gründlichsten untersuchten Metalloenzyme: Eine Röntgenstrukturanalyse dieses Enzyms liegt vor; vier verschiedene Formen der Carboxypeptidase (α, β, γ, δ) konnten nachgewiesen und die Anzahl der Aminosäuren ermittelt werden (300 bis 307 in Abhängigkeit von der vorliegenden Form der Carboxypeptidase).

Das Zink in der Carboxypeptidase kann gegen Co^{2+} ausgetauscht werden. Dabei beobachtet man eine Erhöhung der Aktivität des Metalloenzyms. Bei der Substitution des Zinks gegen Nickel, Mangan oder Eisen verringert sich die Peptidaseaktivität, aber sie bleibt dennoch nachweisbar. Der Austausch von Zink gegen Cadmium, Quecksilber, Kupfer, Blei oder Rhodium unterdrückt die Peptidaseaktivität.

Die Koordination des Zinks (wie auch des Cobalts) ist verzerrt tetraedrisch. Davon zeugen die Absorptionsspektren der Cobalt-Carboxypeptidase und die Nachweisbarkeit eines ausgeprägten Cotton-Effektes. Wie NMR-Untersuchungen der Carboxypeptidase mit Mangan(II) anstelle von Zink als Zentralmetall zeigten, ist das koordinierte Wassermolekül sehr beweglich und wird beim Eindringen eines Substratmoleküls in den Hohlraum des Enzyms leicht entfernt.

Der Mechanismus der Hydrolysereaktion der Peptidbindung unter Beteiligung der Carboxypeptidase ist bis jetzt noch nicht endgültig geklärt. Eine Reihe von Vorstellungen über den Ablauf dieser Reaktion werden gegenwärtig diskutiert, z. B. die, daß die C=O-Gruppe der Peptidbindung am Zink koordiniert ist, wodurch an das positiv polarisierte Kohlenstoffatom Wasser angreifen kann. Die zweite Annahme besteht darin, daß an das Kohlenstoffatom der Peptidgruppe ein Hydroxidion angelagert wird, das vorher am Zink koordiniert war.

Die Hydrolyse einer Peptidbindung, die einer endständigen Aminogruppe benachbart ist, erfolgt unter Beteiligung von Aminopeptidasen, die eine große Spezifizität für terminale Aminosäuren aufweisen. Die Aminopeptidasen sind gekennzeichnet durch eine ziemlich hohe Molmasse (um 40000), einen hohen Metallgehalt (bis 20 Atome pro Mol Enzym) an unterschiedlichen Metallen (Magnesium, Mangan, Zink, manchmal Calcium).

Die Hydrolyse von Dipeptiden wird durch die *Dipeptidase* begünstigt, die durch eine vergleichsweise geringe Molmasse (47200) sowie die unabdingbare Koordination von Zink im Coenzym charakterisiert ist. Einige andere Metalloenzyme katalysieren die Hydrolyse von Polypeptiden; sie enthalten Calcium- und andere Metallionen.

Eine Vielzahl von Enzymen katalysiert die Hydrolyse von Estern, speziell von Phosphorsäureestern (*Phosphatasen*). Einige davon sind in Tab. 25 zusammengefaßt.

Tabelle 25: Einige Enzyme, die die Hydrolyse von Esterbindungen katalysieren (Esterasen)

Reaktion	Enzym	Biometalle	Molekulargewicht
$P_2O_7^{4-} + H_2O = 2\,HPO_4^{2-}$	Pyrophosphatase	Mg^{2+}	—
$ATP + H_2O = ADP + H_2PO_4^-$	ATPase	Mg^{2+}	—
Phosphatokohlenhydrate + H_2O = Kohlenhydrat + HPO_4^{2-}	Phosphatase	Mg^{2+}	—
verschiedene Phosphorsäureester + OH^-	alkalische Phosphatase	Zn^{2+}	89000
Phospholipide + H_2O	Phospholipase C	—	—
Glukoside + H_2O	α-Amylase	Ca^{2+} (Zn^{2+})	50000

Die Übertragung von Phosphorylgruppen (PO_3^-) kann durch analoge Metalloenzyme katalysiert werden:

$$ATP^{4-} + XH \rightleftharpoons ADP^{3-} + XPO_3^{2-} + H^+ \qquad (VII.5)$$

Enzyme, die diese und andere ähnliche Reaktionen (Übertragungsreaktionen von Gruppen von einem Substrat auf ein anderes) katalysieren, heißen *Kinasen*[1]. Gegenwärtig sind etwa 100 unterschiedliche Kinasen bekannt, die Magnesium als Zentralmetall enthalten. Dieses Zentralmetall kann gegen Mn^{2+} ausgetauscht werden, ohne daß die Aktivität dieser Enzyme verlorengeht.

[1] Kinasen gehören zur Gruppe der Transferasen und katalysieren speziell die Übertragung eines Phosphatrestes von ATP auf ein anderes Substrat (*Anm. der Herausgeber*).

Die Einführung von Mn^{2+}-Ionen in Enzyme erlaubt die Anwendung der ESR- bzw. NMR-Methode zur Untersuchung der Struktur von Intermediaten sowie zur Aufklärung der Kinetik und des Mechanismus von Enzymreaktionen. Dabei zeigte sich, daß mindestens zwei Typen von Zwischenkomplexen gebildet werden können: $M-S-E$; $S-M-E$ (wobei E – das Enzym, M – das Metall und S – das Substrat (ATP^{4-} oder ADP^{3-}) bedeuten).

Im ersten Fall läßt sich die Rolle des Metallions in erster Linie auf die Kompensation der elektrischen Ladung des Substrats zurückführen. Die Funktion von M können dabei verschiedene Metallionen übernehmen, wodurch die Katalyse unspezifisch wird.

Im zweiten Fall zeigt sich eine ausgeprägte Spezifizität der Katalyse hinsichtlich der koordinierten Metallionen, da nur bestimmte Zentralmetalle katalytisch aktive Zentren $M-E$ zu bilden vermögen.

Die *alkalische Phosphatase*, die zahlreiche Hydrolysereaktionen von Orthophosphorsäureestern katalysiert, ist intensiv untersucht worden. Die Molmasse dieses Enzyms beträgt 89000; auf ein Mol entfallen 4 Zinkatome. Beim Ansäuern der Lösung dieses Metalloenzyms erfolgt sein Zerfall in zwei Subeinheiten. Die ursprüngliche Struktur wird jedoch nach Zugabe von Lauge und Zinksalzlösungen wieder regeneriert.

Die Annahme, daß die Zinkionen lediglich die beiden Subeinheiten zu einem Dimeren binden, wird dadurch widerlegt, daß 1,10-Phenanthrolin die alkalische Phosphatase vollständig desaktiviert. Die Aktivität der alkalischen Phosphatase bleibt bei der Einführung von Quecksilber- und Cobaltionen gleichfalls erhalten: Beim Austausch von Zink gegen Cobalt sinkt die Hydrolyseaktivität auf 10% ab, und die transferaseaktivität verschwindet vollständig.

Bei der Zugabe von Cobalt(II)-Salzen zum Apoenzym im Verhältnis 2 : 1 treten im Absorptionsspektrum Banden auf, die für oktaedrisch koordiniertes Cobalt(II) (Symmetrie O_h) typisch sind, aber das Enzym bleibt inaktiv. Man nimmt an, daß diese beiden Zentralmetalle (Cobalt bzw. Zink) die Funktion übernehmen, die Struktur des Enzyms sowie die Konformation der Peptidkette zu fixieren.

Bei weiterer Zugabe von Cobalt(II) zum Apoenzym bis zu einem Molverhältnis von 4 : 1 erscheinen im Absorptionsspektrum Banden, die für eine stark deformierte Umgebung des sich wahrscheinlich im aktiven Zentrum der basischen Phosphatase befindenden Cobalt(II) typisch sind. Davon zeugt auch ein stark ausgeprägter COTTON-Effekt in den Spektren der erwähnten Verbindung.

Die Hydrolyse von Adenosintriphosphat hat als definiert energieliefernde Reaktion eine zentrale Bedeutung für biologische Prozesse

$$ATP^{4-} + H_2O = ADP^{3-} + H_2PO_4^-. \qquad \text{(VII.6)}$$

Diese Reaktion wird durch zahlreiche Metallionen katalysiert, z. B. Be^{2+}, Ca^{2+}, Mn^{2+}, Co^{2+}, Cu^{2+}, Zn^{2+}, Co^{3+}, interessanterweise aber nicht durch Mg^{2+} und Ba^{2+}. Die Reihenfolge der katalytischen Wirksamkeit dieser Ionen ist vom pH-Wert der Lösung abhängig. Bei pH 5 erweisen sich Cu^{2+} und Zn^{2+} am effektivsten, bei pH 2 — Ca^{2+} und Mn^{2+}.

Es ist aber offensichtlich, daß nur Metalloproteinsysteme eine hohe katalytische Aktivität aufweisen, während einfache Ionen die Reaktionsgeschwindigkeit bestenfalls um das 10- bis 60fache erhöhen.

Als Beispiel eines Enzyms, das weitere Hydrolysereaktionen katalysiert, kann man die *α-Amylase* anführen, die die Hydrolyse von Glucosiden katalytisch beschleunigt. Diese α-Amylase ist ein Metalloprotein mit einer Molmasse von 50000. Sie enthält ein oder zwei Calciumionen, die die Struktur des Enzyms stabilisieren, sowie ein bis zwei Zinkionen, die die dimere Struktur des Enzyms bestimmen.

Kapitel VIII

Metalloenzyme als Redoxkatalysatoren (Oxydoreduktasen)[1]

Die für zahlreiche Lebensvorgänge notwendige Freie Energie akkumuliert sich im Organismus über eine Reihe von Redoxreaktionen.

Molekularer Sauerstoff erweist sich dabei als grundlegendes Oxydationsmittel, wobei als Reduktionsprodukte Wasser und (seltener) Wasserstoffperoxid entstehen.

Die überwiegende Mehrzahl der biologischen Redoxreaktionen kann man summarisch wie folgt formulieren:

$$2St\mathrm{H_2} + \mathrm{O_2} = 2St + 2\,\mathrm{H_2O}, \tag{VIII.1}$$

$$St\mathrm{H_2} + \mathrm{O_2} = St + \mathrm{H_2O_2} \tag{VIII.2}$$

wobei *St* die oxydierte Form und $St\mathrm{H_2}$ die reduzierte Form des Substrats bedeuten.

Die beiden angeführten Reaktionen laufen in der Regel nach einem Mehrstufenmechanismus sehr langsam unter Beteiligung einer Reihe von Metalloenzymen ab. Solche Reaktionen werden zumeist als Zyklen dargestellt, z. B. in folgender Weise:

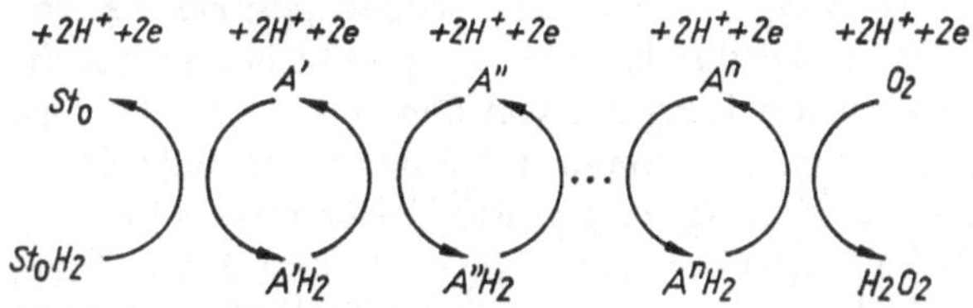

Im oberen Teil des Zyklus gibt man die oxydierte, im unteren die reduzierte Form an; der nach oben gerichtete Pfeil kennzeichnet die Oxydationsreaktion, der nach unten gerichtete die Reduktionsreaktion. Die Zyklen werden in der Kette nach steigenden Redoxpotentialen angeordnet. Unter Berücksichtigung der thermodynamischen Bedingungen kann man eine beliebige Abfolge von Zyklen kombinieren, bei der die Redoxpotentiale von Zyklus zu Zyklus anwachsen (abfallen).

---

[1] Siehe Fußnote 1, S. 91.

Die angeführte Kette kann man als eine Folge einfacherer Redoxreaktionen des Typs aufschreiben:

$$
\left.\begin{aligned}
&St_0H_2 = St_0 + 2H^+ + 2e,\\
&A' + 2H^+ + 2e = A'H_2,\\
&A'H_2 = A'' + 2H^+ + 2e,\\
&\dots\dots\dots\dots\\
&A^nH_2 = A^n + 2H^+ + 2e,\\
&O_2 + 2H^+ + 2e = H_2O_2
\end{aligned}\right\}\qquad \text{(VIII. 3a—e)}
$$

Die Beteiligung von Einelektronenschritten an der Kette ist dabei nicht ausgeschlossen.

Am Anfang der Redoxkette befindet sich ein Stoffpaar mit hinreichend geringem Redoxpotential, während am Ende das Redoxpaar mit dem höchsten Potential auftritt.

So beträgt das Potential für das Redoxpaar O_2/H_2O_2 + 0,30 V, und für $RCHO/RCH_2OH$ — 0,20 V. Die „Vermittler“ zwischen diesen beiden Redoxpaaren sind durch Zwischenwerte ihrer Potentiale gekennzeichnet. Obwohl dieses Beispiel einen Sonderfall darstellt, ist es doch nicht so selten anzutreffen.

Am Ausgangspunkt der Kette können sich Zucker, Aldehyde, Phenole, einige Säuren, Schwefelwasserstoff, Hydrogensulfit u. a. m. befinden. Am Ende der Kette können außer Redoxpaaren mit Sauerstoff auch solche mit Nitrat (Nitrit, Stickstoff), Ammoniak und anderen Stoffen fungieren. Solche vielstufigen Reaktionsketten dienen dem Transport von Elektronen und Wasserstoffatomen (bzw. sogar von Hydridionen, H^-) von St_0H_2 zu O_2 über eine Reihe von Zwischenstoffen: $A', A'', \dots, A^n$.

Die Beschleunigung dieser Reaktionen (des eigenartigen Transports von Elektronen, Atomen oder Ionen) erfolgt durch zahlreiche und bisher noch nicht in jedem Fall ausreichend untersuchte Enzyme, von denen viele zur Gruppe der Metalloenzyme gehören. Als Coenzyme treten dabei nicht nur Metallionen oder ihre Komplexe auf, sondern auch einige organische Verbindungen [30, 31].

Besondere Bedeutung haben solche Coenzyme wie NAD und FAD. Diese Stoffe binden sehr leicht Hydridionen und werden zu NADH bzw. FADH reduziert:

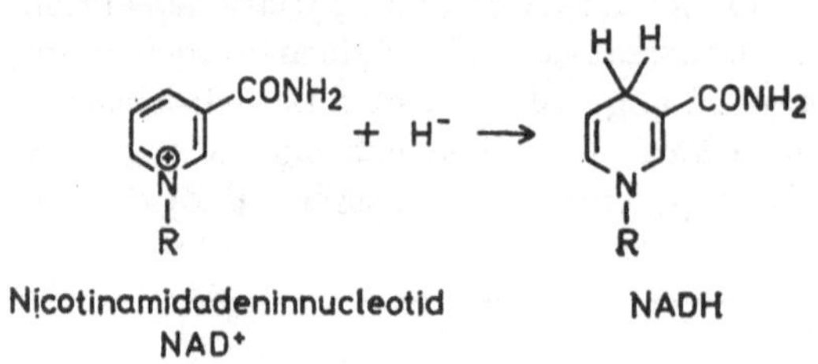

(VIII.4)

Im NAD^+ ist der Nicotinamidrest über sein Stickstoffatom an ein Adeninnucleotid über eine Diphosphatbrücke gebunden[1]. Wenn das Adeninnucleotid über drei kondensierte Phosphatreste gebunden ist, dann wird das System als $NADP^+/NADPH$ bezeichnet. Das Redoxpotential dieses Systems ist sehr niedrig (—0,32 V).

Durch ein etwas größeres Potential ist das Flavinnucleotid-Redoxpaar gekennzeichnet:

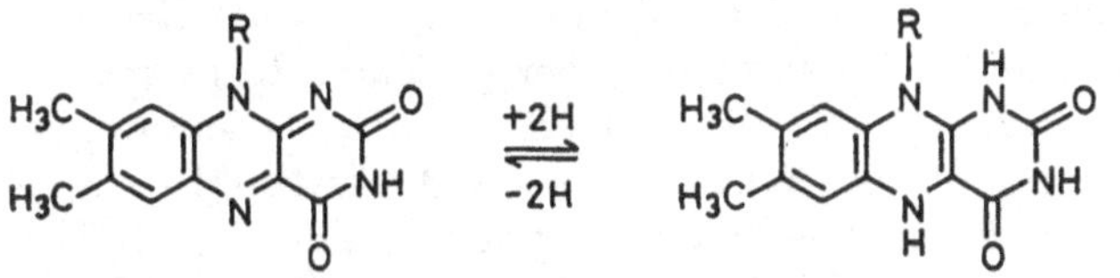

(VIII.5)

Flavinadenindinucleotid FAD FADH

Die wesentlichsten Veränderungen bei der Reduktion des FAD erfolgen am konjugierten Doppelbindungssystem:

$$-N{=}CH-CH{=}N- + H^- + H^+ \rightleftharpoons -HN-CH{=}CH-NH^-$$

Der Wirkungsmechanismus der aktiven Zentren in Metalloproteinen ist bisher ungenügend aufgeklärt. In einigen Fällen läßt er sich auf die Bildung von Komplexen mit unterschiedlichen Liganden und einer damit verbundenen Orientierung und Polarisation der Substratmoleküle zurückführen. In anderen Fällen beruht der Wirkungsmechanismus auf wechselnden Redox-Übergängen des Zentralmetalls.

Der erste Mechanismus konnte anhand der Wirkung von *Dehydrogenasen*, die Zink und NAD enthalten, nachgewiesen werden. Die Dehydrogenasen katalysieren die Abspaltung von Hydridanionen aus Alkoholen, Oxysäuren und anderen Reduktionsmitteln, unter Bildung der entsprechenden Oxydationsprodukte.

Tabelle 26: Einige Eigenschaften zinkhaltiger Dehydrogenasen [30, 36]

Enzym	Molmasse	Cofaktor	Reaktion
Alkoholdehydrogenasen	84000	2—4 Zn 2—4 NAD	$RCH_2OH + NAD^+$ $= RCHO + NAD{-}H + H^+$
Malatdehydrogenase	40000	1—2 Zn *n* NAD	Malat + NAD^+ = Oxalylazetat + NAD-H + H^+
Glutamatdehydrogenase	106000	2—4 Zn *n* NAD-P	Glutamat + $NAD{-}P^+$ = α-Ketoglutarat + NH_3 + $NAD\text{-}PH^+$

[1] Schematische Verknüpfung: Nicotinamid-N-Ribose-Diphosphat-Ribose-Adenin, daher Dinucleotid (NA-R-P-P-R-A) (*Anm. der Herausgeber*).

In Tab. 26 sind einige zinkhaltige Dehydrogenasen wiedergegeben, speziell ihr Metallgehalt und ihre Funktion. Zink, als Zentralmetall dieser Metalloenzyme, hat dabei offenbar sowohl eine Strukturfunktion als auch Einfluß auf den Wirkungsmechanismus dieser Verbindungsklasse. Daher verhalten sich diese Enzyme auch unterschiedlich beim Austausch des Zentralmetalls gegen markiertes Zink und gegenüber der Wirkung von Inhibitoren. Man nimmt an, daß die Hälfte des koordinierten Zinks unmittelbar strukturbestimmend ist (Tertiär-, Quartärstruktur), ohne direkt den Ablauf der katalytischen Reaktion zu beeinflussen. Das restliche Zink koordiniert über geeignete Ligatoren der Aminosäuregruppen des Proteins, des Adeninrests vom NAD sowie über alkoholische Hydroxylgruppen. Dabei kann an der koordinierten OH-Gruppe unter Hydrid-(H^-)-Abspaltung eine Nicotinamidgruppe angreifen.

Dieses Beispiel demonstriert den einfachsten Fall einer Enzymreaktion, die Beschleunigung einer Einstufen-Redoxreaktion durch ein zinkhaltiges Enzym:

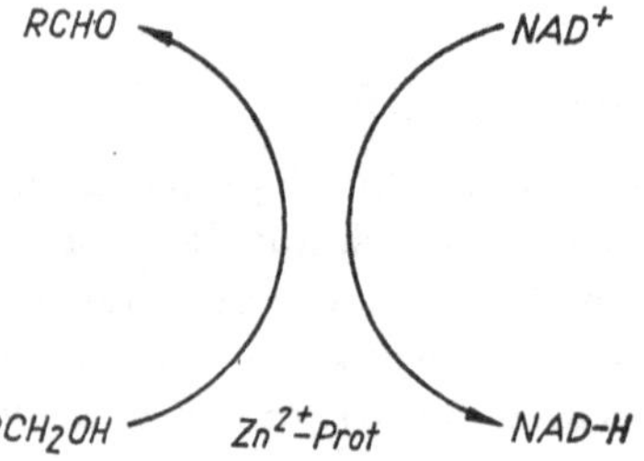

Dagegen verläuft die Oxydation von Aldehyden oder von Hypoxanthin über eine wesentlich kompliziertere Kette von Redoxreaktionen, wie das folgende vereinfachte Schema zeigt:

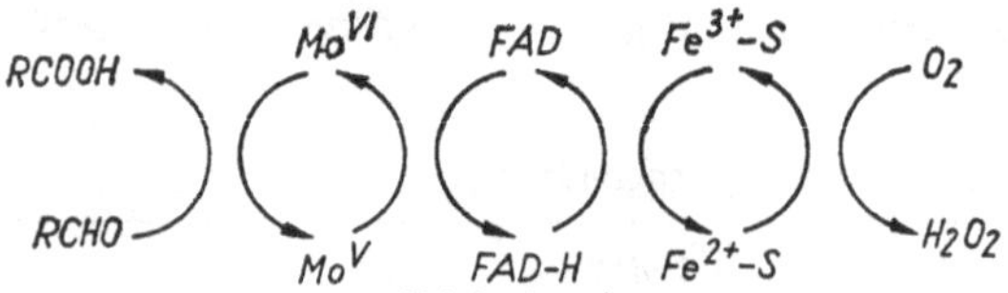

Aldehydoxydase

In diesem Fall ist das Metalloflavoenzym an mindestens drei Redoxreaktionen beteiligt. Tabelle 27 enthält einige Angaben über Eigenschaften von Metalloflavoenzymen, die unterschiedliche Metallionen enthalten.

Im Körper kann eine Vielzahl von Metalloproteinen nachgewiesen werden, die Eisen enthalten. Einige davon wurden bereits im Kap. VI diskutiert. Tabelle 28 faßt einige Eigenschaften der am intensivsten untersuchten eisenhaltigen Metalloenzyme zusammen. Zum Vergleich werden hier auch die Redoxpotentiale einfacherer Eisenverbindungen angeführt.

Tabelle 27: Einige Eigenschaften von Metalloflavoenzymen [30, 31]

Metalloenzym	Molmasse	Cofaktor	Reaktion
Xanthinoxydase	300000	8 Fe, 2 Mo, 2 FAD	Xanthin + O_2 = Ureat + H_2O_2
Aldehydoxydase	300000	8 Fe, 2 Mo, 2 FAD	Aldehyd + O_2 = Säure + H_2O_2
Nitratreduktase	–	*n* Mo, *n* FAD	NO_3^- + NAD(P)H = NO_2^- + $NAD(P)^+$ + H_2O

Eisenhaltige Enzyme lassen sich auf Grund ihrer chemischen Konstitution in *Hämoproteine* (die Häm enthalten) und in *Nicht-Hämoproteine* einteilen.

Hämoproteine wurden als O_2-Überträger bereits im Kap. VI betrachtet. Hier werden wir kurz die Besonderheiten anderer eisenhaltiger Proteine vorstellen, die über Enzymeigenschaften verfügen. Zu solchen Proteinen gehören vor allem verschiedene *Cytochrome*. Man kennt heute mehr als 50 unterschiedliche Cytochrome, von denen allerdings nur einige eingehend untersucht worden sind, insbesondere das Cytochrom *c*. Die Klassifizierung der Cytochrome beruht auf strukturellen Unterschieden der Porphyringruppe sowie dadurch bedingte Unterschiede in den Absorptionsspektren.

In den Cytochromen *b* und *c* sind an den Oktaederspitzen des Zentralmetalls Liganden koordiniert, die durch ein starkes Ligandenfeld gekennzeichnet sind. Daher gehören diese Enzyme zur Gruppe der low-spin-Komplexe. Im Cytochrom *a* ist die 5. und 6. Koordinationsstelle durch ein Wasser- bzw. Imidazolmolekül besetzt, und folglich vermag dieses Metalloenzym Sauerstoff zu binden (Verdrängung des Wassermoleküls).

Die Cytochrome sind an der oxydierenden Phosphorylierung beteiligt. Das Makromolekül des Cytochrom *c* besitzt die Form eines Sphäroids ($30 \times 34 \times 34$ Å) und wird aus 104 Aminosäuren gebildet. Die Hämgruppe ist von hydrophoben Aminosäureresten umgeben, wobei zwei Kanäle von der Enzymoberfläche zum hydrophoben Gebiet und zum Hämeisen führen. Die Elektronenübertragung kann auch über π-konjugierte Systeme des Proteins erfolgen.

Auch die eisenhaltigen Enzyme *Peroxydase* und *Katalase* spielen eine wichtige Rolle bei den Lebensprozessen verschiedener Organismen. Die Peroxydase katalysiert die Oxydation verschiedener Substrate durch Wasserstoffperoxid:

$$H_2O_2 + StH_2 \xrightarrow{\text{Peroxydase}} 2\,H_2O + St \qquad \text{(VIII.6)}$$

Die Katalase beschleunigt den Zerfall von Wasserstoffperoxid unter Bildung von Sauerstoff:

$$H_2O_2 + H_2O_2 \xrightarrow{\text{Katalase}} 2\,H_2O + O_2 \qquad \text{(VIII.7)}$$

Tabelle 28: Einige Eigenschaften der verbreitetsten eisenhaltigen Metalloproteine bzw. Metalloenzyme und von einfachen Eisen(II)/Eisen(III)-Redoxpaaren [30, 31]

Metalloenzym oder Redoxsystem	Molmasse	Zusammensetzung des anorganischen Teils	Normal potential [V]	Funktion
$Fe(\mathit{phen})_3^{3+}/Fe(\mathit{phen})_3^{2+}$	—	—	1,10	—
Fe^{3+}/Fe^{2+}	—	—	0,77	—
Eisenproteine mit hohem Redoxpotential	9500	3Fe 4S 3CyS	0,35	
Cytochrom *c*	12000	1Fe-Häm	0,22	„Transport“ von Elektronen
$Fe(CN)_6^{3-}/Fe(CN)_6^{4-}$	—	—	0,22	
Methämoglobin/Hämoglobin	—	4Fe, Häme	0,17	O_2-Überträger
Adrenodoxin	13000	2Fe, 2S	0,15	—
Cytochrom *b*	—	—	0,050	—
Metmyoglobin/Myoglobin	—	1Fe, Häm	0,046	—
$Fe(C_2O_4)_3^{3}/Fe(C_2O_4)_3^{4-}$	—	—	0,020	—
Rubredoxin	6000	1Fe, 4CyS	−0,057	—
Peroxydase	—	—	−0,170	—
$Fe^{III}(Oxim)_3/Fe^{II}(Oxim)_3$	—	—	−0,251	—
Ferredoxin	6000	7Fe, 8S, 7CyS	−0,42 −0,49	Reduktionsmittel, Elektronenüberträger

Diese Reaktion kann man als Spezialfall der Reaktion (VIII.6) ansehen, in dem Wasserstoffperoxid als Reduktionsmittel (StH_2) auftritt. Daher gibt es viele Gemeinsamkeiten im Verhalten der Peroxydase und Katalase.

Die Struktur der Peroxydase ist der des Myoglobins ähnlich; allerdings unterscheiden sich beide Enzyme beträchtlich hinsichtlich ihrer Redoxpotentiale.

Die katalytische Wirkung der Peroxydase ist unspezifisch, wie auch eine Reihe von Metallionen, Anionen sowie zahlreiche, vergleichsweise einfache Koordinationsverbindungen in der Lage sind, die Oxydation vieler Substrate durch Wasserstoffperoxid zu katalysieren.

Die Katalase, deren physiologische Wirkung bisher noch nicht vollständig aufgeklärt ist[1], unterscheidet sich wesentlich von anderen Hämoproteinen. Ihre Molmasse beträgt 240000, und sie enthält vier Hämgruppen, die im Unterschied zum Hämoglobin untereinander nicht in Wechselwirkung treten. Die Oxydationszahl des Eisens in der Katalase von +3 ist so ausgeprägt, daß selbst starke Reduktionsmittel das Zentralmetall nicht zu reduzieren vermögen (so werden z. B. mit Hydroperoxid-Ionen — OOH^- — stabile Komplexverbindungen gebildet).

Eine große Anzahl von eisenhaltigen Proteinen enthält kein Häm. Einige dieser Proteine wurden bereits genannt. Besonders interessant sind solche, die die Funktion der Speicherung und des Transports von Eisen übernehmen (Eisenionen werden in zahlreiche Proteine eingebaut). Zu diesen Proteinen gehören *Ferritin* und *Transferrin.* Ferritin enthält Eisen und Phosphatgruppen; seine Molmasse beträgt 460000 und das Makromolekül besteht aus 24 Subeinheiten. Transferrin ist durch eine bedeutend geringere Molmasse (77000) gekennzeichnet; hier ist das Eisen an drei Tyrosinreste und zwei Imidazolgruppen gebunden.

Von besonderem Interesse sind *schwefelhaltige Proteine,* mit Eisen, Sulfidschwefel und Cysteingruppen. Diese Metalloproteine sind durch eine vergleichsweise geringe Molmasse sowie durch ein sehr niedriges Redoxpotential (bis —0,43 V) gekennzeichnet. Daher sind diese Metalloenzyme an vielen, sehr wesentlichen biologischen Prozessen beteiligt, speziell bei der Fixierung von molekularem Stickstoff, bei der Photosynthese, der oxydierenden Phosphorylierung in den Mitochondrien u. a. m.

Einer der wichtigsten Vertreter der Metalloenzyme dieser Gruppe, das Ferredoxin, existiert in mehreren Formen. Am meisten untersucht ist ein Ferredoxin mit einer Molmasse in der Größenordnung von 6000 und einem Redoxpotential von ungefähr —0,42 V. Das Makromolekül enthält sieben bis

---

[1] Bekannt ist die Funktion der Katalase zur Entfernung von Wasserstoffperoxid, das als starkes Zellgift wirkt (*Anm. der Herausgeber*).

acht Eisen-, sieben bis acht Schwefelatome und acht Cysteinreste. Man nimmt an, daß spezielle vielatomige Cluster des folgenden Typs gebildet werden:

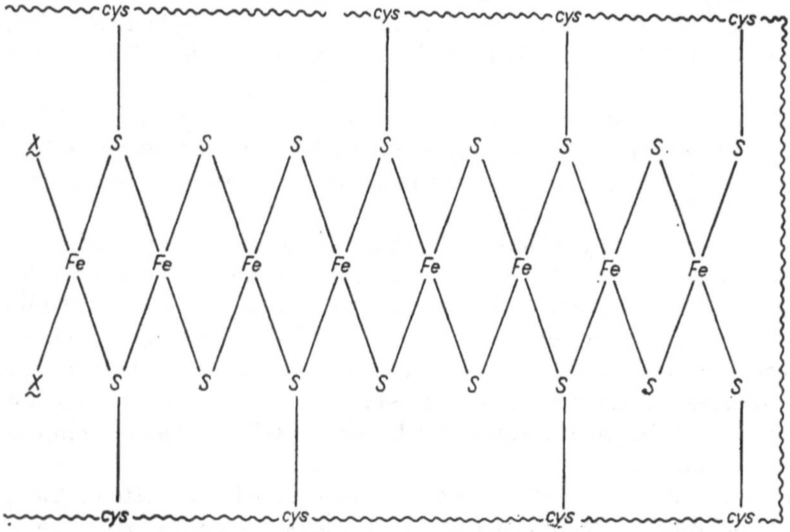

Die Eisen-Eisen-Abstände in diesen Clustern sind dabei so gering, daß — analog der Wechselwirkung in anderen Clustersystemen — eine direkte Wechselwirkung zwischen den Eisenatomen möglich ist.

Röntgenstrukturuntersuchungen weisen darauf hin, daß die Eisenatome in diesen Metalloenzymen nicht linear angeordnet sind. Im reduzierten Ferredoxin liegt die gleiche Anzahl zwei- und dreiwertiger Eisenionen vor. Eine exakte Zuordnung der Oxydationszahl des Eisens (2+ oder 3+) und des Schwefels (S^{--} oder S_2^{--}) ist bisher nicht möglich.

Die ESR-Spektren des Ferredoxins zeigten, daß in der reduzierten Form die *g*-Werte zwischen 1,89 und 2,00 liegen, während die oxydierte Form keine ESR-Signale gibt. Die wahrscheinlichste Erklärung dieses Phänomens besteht darin, daß die folgenden, im Gleichgewicht befindlichen Strukturen:

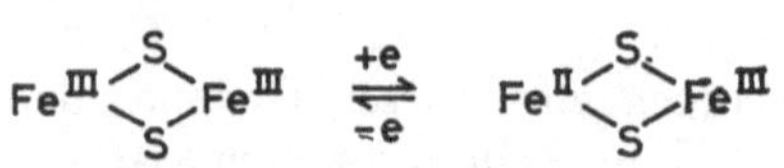

als Einheit betrachtet werden müssen. Der Diamagnetismus entsteht dann im Ergebnis einer direkten Wechselwirkung von zwei Eisen(III)-Ionen.

Aus bestimmten Bakterien konnte eine Verbindung isoliert werden, die gemäß ihrer Zusammensetzung dem Ferredoxin ähnelt; jedoch ist das Redoxpotential dieser Verbindung bedeutend höher (+0,35 V). Die Struktur dieser

Verbindung ist bisher nicht aufgeklärt, daher wird sie in der Literatur als „Eisenprotein mit hohem Potential" bezeichnet.

Proteine, die Kupfer enthalten, gehören zu den am wenigsten untersuchten Metalloproteinen. Es wurde festgestellt, daß die Kupferionen fest an das Protein gebunden sind, wobei sich ihre Abtrennung oft als irreversibel er-

Tabelle 29: Eigenschaften einiger kupferhaltiger Proteine sowie einfacher Cu(II)/Cu(I)-Redoxpaare [30, 31]

Metalloenzym oder Redoxsystem	Molmasse	Zusammensetzung des anorganischen Teils	Normalpotential [V]	Funktion
Tyrosinase	120000	4 Cu^{I}	–	Oxydation von Phenolen
Laccase	120000	4 Cu^{II}; Cu^{I}	0,415	Oxydation von Diphenolen
Ascorbinsäureoxydase	146000	6 Cu^{II}	–	Oxydation der Ascorbinsäure
Ceruloplasmin	151000	8 Cu^{II}	0,37	Oxydation vieler Substrate
Aminooxydasen	100000 bis 300000	n Cu^{II}	–	Amin + O_2 → Aldehyd + NH_3
Cytochromoxydase	100000 bis 1000000	1 Cu-Häm	–	Redoxprozesse des Cytochroms
Azurin*)	16400	Cu^{II}	–	Beteiligung an der Atmungskette Cytochrom – Cytochromoxydase
Plastocyanin	21000	2 Cu	–	dito
$Cu(NH_3)_4^{2+}/Cu(NH_3)_4^{+}$	–	–	0,340	–
$Cu(imidaz)_2^{2+}/Cu(imidaz)_2^{+}$	–	–	0,345	–
$Cu^{II}(gly)_2^{2}/Cu^{I}(gly)_2$	–	–	−0,16	–

*) ein gegenüber äußeren Einwirkungen (pH, Temperatur) außerordentlich stabiles Protein

weist. In vielen Fällen ist auch die Koordinationssphäre des Kupfers am Protein noch ungeklärt. Die Molmasse der kupferhaltigen Proteine schwankt in weiten Grenzen, zwischen 10^4 bis $n \times 10^6$ (Tab. 29). Am besten ist das Hämocyanin untersucht, das bereits in Kap. VI genannt wurde.

Bisher sind einige Metalloenzyme bekannt geworden, die ein Kupferatom pro Proteinmolekül enthalten:

1. Dunkelblaue, Cu(II)-enthaltende Enzyme mit einem charakteristischen Absorptionsspektrum (drei intensive Banden bei 450, 600 und 750 nm) und folgenden ESR-Parametern: $g_\perp = 2{,}1$ und $g_\| = 2{,}2-2{,}3$; diese Gruppe von Proteinen hat Anteil an Elektronenübertragungsreaktionen.
2. Rosafarbene (pink) Verbindungen, die gleichfalls Kupfer(II) enthalten und durch eine sehr intensive Lichtabsorption gekennzeichnet sind.
3. Metalloproteine, die Kupfer(I) enthalten, stets mit O_2 in Wechselwirkung treten und dabei oxydiert werden. Offensichtlich werden Komplexe des Typs Substrat-Cu(I)-O_2 gebildet, in denen die Elektronenübertragung vom Substrat zum Sauerstoff unter Beteiligung des Zentralmetalls vor sich geht.

Zahlreiche kupferhaltige Metalloproteine enthalten mehrere Kupferatome in einem Makromolekül. Die Kupferatome besetzen verschiedene Plätze im Makromolekül des Proteins, wodurch unterschiedliche Koordinationssphären und Komplexgeometrien verursacht werden. Ziemlich häufig trifft man eine diamagnetische Gruppierung an, die aus zwei benachbarten Kupferatomen besteht (Cu-Cu).

Im Cytochrom a_3 ist Kupfer neben Häm gebunden; da Kupfer seine Oxydationszahl leicht ändern kann ($Cu^{2+} + e^- \rightleftharpoons Cu^+$), spielt es hier offenbar die Rolle eines Elektronenüberträgers.

Weitere kupferhaltige Proteine scheinen an der Pigmentbildung der Tierhaut beteiligt zu sein.

Biologische Systeme, die Cobalt enthalten, sind, mit Ausnahme des *Coenzyms* (*Vitamins*) B_{12}[1], noch ungenügend untersucht. Das Coenzym B_{12} ist sowohl aus chemischer als auch biologischer Sicht von großem Interesse. Seine Struktur ist durch mannigfache Untersuchungen (einschließlich Röntgenstrukturanalyse) hinreichend gut bekannt. Danach enthält dieses Coenzym Corrin, ein dem Porphyrin verwandtes, makrozyklisches Ringsystem, das das Cobalt mit seinen vier Stickstoffligatoren quadratisch-planar umgibt. Die Plätze 5 und 6 (oberhalb und unterhalb der Corrin-Ringebene) können durch andere Liganden besetzt werden, gewöhnlich von Cyanid[2] bzw. von Histidin-Imidazol. Wenn Cyanid durch einen anderen Liganden substituiert ist, dann bezeichnet

---

[1] Siehe hierzu auch: SCHRAUZER, G. N.: Angew. Chem. (int. ed.) **15**, 417 (1976); Angew. Chem. **89**, 239 (1977) (*Anm. der Herausgeber*).

[2] Im Vitamin B_{12} ist an die 5. bzw. 6. Koordinationsstelle CN^-, im Coenzym B_{12} 5'-Desoxyadenosin (über eine C-Co-σ-Bindung) gebunden (*Anm. der Herausgeber*).

man diese Verbindungen als Cobalamine; wenn auch die Imidazolgruppe substituiert ist, so nennt man die Verbindungen Cobinamide. Für die bioanorganische Chemie sind Verbindungen mit einer Co-C-σ-Bindung von besonderem Interesse.

Das Coenzym B_{12} erfüllt unter physiologischen Bedingungen eine Reihe von Funktionen: Es katalysiert die Übertragung von CH_3-Gruppen (Methylierungsreaktionen), Umlagerungsreaktionen sowie Redoxreaktionen mit organischen Substraten.

Der leichte Wechsel zwischen den Koordinationszahlen 5 und 6 ist charakteristisch für das Coenzym B_{12} und analoge Verbindungen.

In Komplexverbindungen des Cobalt(III) ist der Transeffekt zu beobachten, der sich speziell in der Einstellung des folgenden Gleichgewichtes ausdrückt:

$$\text{Komplex Co}^{III} \text{ m. K.Z. } 6 \rightleftharpoons \text{Komplex Co}^{III} \text{ m. K.Z. } 5$$

Im Unterschied zu den gewöhnlichen Cobalt(III)-Komplexen stellt sich dieses Gleichgewicht bei den hier diskutierten Verbindungen sehr rasch ein.

Eine weitere charakteristische Besonderheit der betrachteten Verbindungen ist ihre leichte Reduzierbarkeit sowie mitunter die Unbestimmtheit der Oxydationszahl des Zentralmetalls, insbesondere bei σ-Organyl-Cobalt-Verbindungen:

$$Co^{III}R^- \rightarrow Co^{II}R\cdot \rightarrow Co^{I}R^+.$$

Es sei in diesem Zusammenhang darauf hingewiesen, daß Co(I) und Ni(II) die gleiche Elektronenkonfiguration aufweisen (d^8).

Bisher wurden nur Redoxreaktionen unter Beteiligung von Sauerstoff und Wasserstoff betrachtet, während z. B. Redoxprozesse unter Beteiligung von Stickstoff und Stickstoffverbindungen in verschiedenen Oxydationsstufen keine Berücksichtigung fanden. Solche Reaktionen verlaufen zumeist in Anwesenheit von Metalloenzymen ziemlich komplizierter Zusammensetzung. Einige derartige Redoxreaktionen sollen genannt werden:

1. Fixierung von molekularem Stickstoff und Umwandlung in Ammoniak. Dieser Prozeß läuft in Gegenwart bestimmter Mikroorganismen selbständig bzw. in Symbiose mit höheren Organismen ab.

2. Die Nitrifizierung, d. h. die Oxydation von Ammoniak bzw. von Aminen zu Nitrit oder Nitrat.

3. Die Aufnahme von Nitrat durch bestimmte Organismen und dessen Reduktion zu Aminderivaten, speziell zu Aminosäuren, den wichtigsten Struktureinheiten der Proteine (Stickstoffassimilation).

4. Die Denitrifizierung, d. h. die Reduktion von Nitrat und Nitrit zu freiem Stickstoff.

Schematisch können diese Prozesse in Form des sogenannten Stickstoffkreislaufs dargestellt werden (Abb. 15).

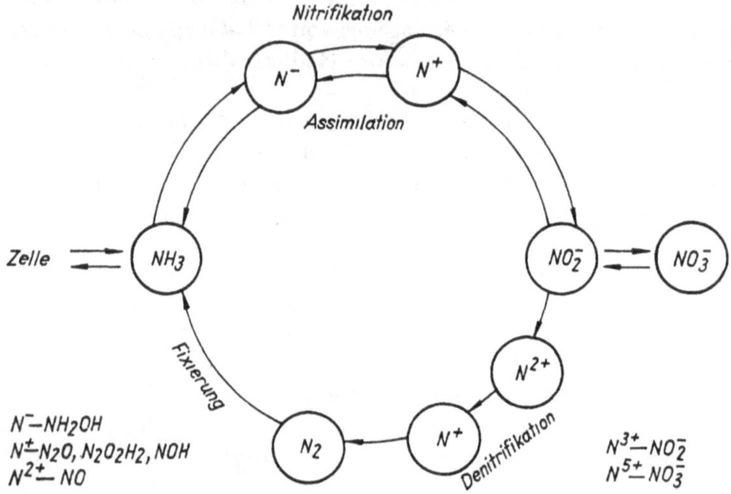

Abb. 15. Biologischer Stickstoffkreislauf

Die Redoxreaktion Nitrit/Nitrat ist recht eingehend untersucht worden. Sie verläuft unter Beteiligung *molybdänhaltiger Enzyme*. Die zu oxydierenden bzw. zu reduzierenden Substrate sind $FADH_2$ bzw. FAD.

Dieser Prozeß kann schematisch in folgender Weise dargestellt werden:

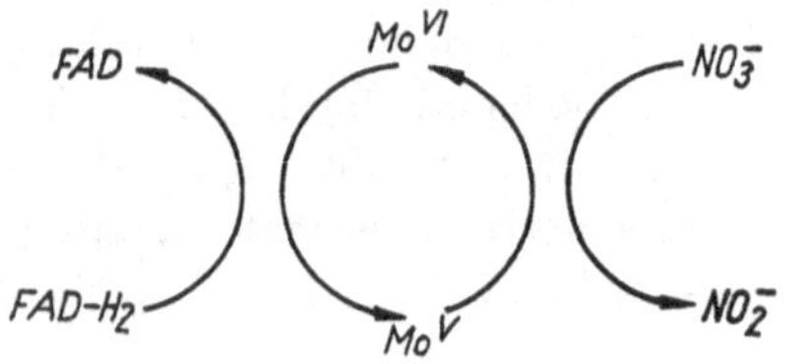

Das Problem der Stickstoff-Fixierung unter milden Reaktionsbedingungen wurde in der letzten Zeit sehr eingehend untersucht, wobei sehr unterschiedliche Reaktionsverhältnisse zur Anwendung kamen: Lebende Organismen, isolierte einzelne Zellen, zellfreie biologische Substrate sowie andere molekulare und makromolekulare Reaktionsbedingungen.[1]

[1] Zum Problem der Stickstoffixierung und -assimilation siehe auch: KLEINER, D.: Angew. Chem. **87**, 97 (1975); FISCHER, I., KÖRNER VON GUSTORF, E.: Naturwiss. **62**, 63 (1975); ZUNFT, W. G.: Naturwiss. **63**, 457 (1976) (*Anm. der Herausgeber*).

In jüngerer Zeit konnte eine extrazelluläre Fixierung von molekularem Stickstoff mittels biologischer Substrate verwirklicht werden, die zu einer Reihe wichtiger Aussagen führte [30]:

1. Die Fixierung von Stickstoff erfolgt nur unter völlig anaeroben Bedingungen.
2. In N_2-fixierenden biologischen Substraten lassen sich ein wasserstoffliefterndes und ein stickstoffaktivierendes System nachweisen.
3. Die den Stickstoff fixierenden Systeme enthalten ein oder mehrere starke Reduktionsmittel, z. B. Natriumpyruvat (durch gasförmigen Wasserstoff austauschbar) oder Ferredoxin (gegen Natriumdithionit austauschbar).
4. Für die Stickstoff-Fixierung ist eine universelle Energiequelle erforderlich (in biologischen Systemen das Adenosintriphosphat — ATP). Die Funktion von ATP bei der Stickstoffixierung ist im Detail noch nicht aufgeklärt; bisher ist lediglich bekannt, daß für jedes übertragene Elektron 2 ATP-Moleküle benötigt werden.

Weiterhin konnte nachgewiesen werden, daß in stickstoffixierenden Systemen mindestens zwei Metalloproteine enthalten sind, die leicht mit molekularem Sauerstoff reagieren: Die *Nitrogenase* (ein Protein mit einer ungefähren Molmasse von 270000 bis 300000, das Molybdän, Eisen, Cysteingruppen und labilen Schwefel im Verhältnis 1 : 20 : 20 : 15 enthält) sowie ein weiteres Metalloprotein mit einer Molmasse von ca. 40000, auf das 2 Eisenionen sowie zwei labile Schwefelatome entfallen.

Für die Fixierung von molekularem Stickstoff ist die gleichzeitige Anwesenheit beider Proteine im System erforderlich.

Die Nitrogenase ist in der letzten Zeit eingehend untersucht worden. Dabei konnten verschiedene Nitrogenasemodelle geschaffen sowie die Wirkung verschiedener Inhibitoren aufgeklärt werden. Im Verlaufe dieser Untersuchungen wurde erkannt, daß die Nitrogenase nicht substratspezifisch (für N_2) ist, sondern daß sie auch eine Reihe anderer Stoffe zu reduzieren vermag (N_2O, N_3^-, CN^-, C_2H_2, CH_3NC u. a. m.).

Die in diesem Kapitel vermittelten Daten zeigen, daß Metalloenzyme, die Redoxreaktionen zu katalysieren vermögen, sehr mannigfaltig, aber in der Regel ungenügend untersucht sind.

Dennoch kann man zusammenfassend einige charakteristische Besonderheiten dieser Stoffklasse nennen:

1. Die Einhaltung des FRANCK-CONDON-Prinzips erfordert adäquate Konfigurationen der oxydierten und reduzierten Formen. Infolgedessen zeichnet sich das Koordinationszentrum dieser Metalloenzyme durch eine ungewöhnliche Struktur (gewissermaßen „Übergangsstruktur") aus.
2. In den Metalloenzymen, die Redoxreaktionen katalysieren, läßt sich auch

ein „Zwischen“-Zustand des Metalls bezüglich seiner Oxydationszahl und seines Spinzustandes beobachten.

3. Das Redoxpotential für Enzyme, die Redoxreaktionen zu katalysieren vermögen, hängt (selbst für gleiche Redoxpaare) sehr stark von der Umgebung ab; anschaulich wurde das am Beispiel der eisenhaltigen Proteine illustriert.
4. Der Ablauf von Mehrelektronenprozessen (z. B.: $O_2 + 4e^- + 4H^+ \rightleftharpoons 2H_2O$) macht in den Metalloproteinen ein System nahe benachbarter, aktiver Zentren erforderlich.

Kapitel IX

Metallpolynucleotide

Während die Metalloproteine eine recht umfassend beschriebene Stoffklasse darstellen, sind im Vergleich dazu *Metallpolynucleotide* (Metallkomplexe von Nucleinsäuren) bis zur jüngsten Zeit in bedeutend geringerem Maße untersucht worden. Das läßt sich vorwiegend dadurch erklären, daß erst durch die rasche Entwicklung der Molekularbiologie bewußt wurde, welche zentrale Bedeutung den Nucleinsäuren bei allen Lebensvorgängen zukommt.

Die Funktion von Metallionen, die in Nucleinsäuren nachgewiesen werden konnten, war zunächst ungeklärt, und noch unlängst wurden sie als unausbleibliche „Verunreinigungen" angesehen.

Inzwischen ergaben die Untersuchungen der letzten Jahre [8, 30], daß Metallionen sehr wesentlich für die Stabilität der Doppelhelix-Struktur der Desoxyribonucleinsäure sowie für die Ausbildung definierter Konformationen dieses Biopolymeren sind und folglich eine Rolle bei der Eiweißsynthese spielen. Besonders aufschlußreich waren dabei Untersuchungen über Chemotherapeutika mit cancerostatischer Wirkung, die unzweifelhaft auf Desoxyribonucleinsäure einwirken, indem sie bestimmte Prozesse (z. B. den der Zellteilung) unterdrücken und andere (z. B. das Zellwachstum) stimulieren. Die Ansichten vieler Mediziner und Biologen zur Erklärung dieses Phänomens stimmen dabei insofern überein, daß angenommen wird, daß die wirksamsten Antikrebspräparate die Polynucleotidketten fest miteinander „vernähen".

Die Polynucleotidketten sind aus Nucleotiden unterschiedlicher Zusammensetzung aufgebaut. Jedes Nucleotid besteht, wie bereits angeführt, aus drei Komponenten:

$$B - R - P.$$

Es bedeuten: B — eine Stickstoffbase der Purin- bzw. Pyrimidinreihe, die mit einem Kohlenhydratrest über Stickstoff verbunden ist; R — ein Kohlenhydratrest (Ribose für Ribonucleinsäure — RNS — und Desoxyribose für Desoxyribonucleinsäure — DNS); R ist mit einer Stickstoffbase und zwei Phosphatresten verbunden; P — Hydrogenphosphat HPO_4^{--}, das in genannter

Weise mit Ribose oder Desoxyribose (über Sauerstoff) verknüpft ist. Der Hydrogenphosphatrest vermag leicht unter Bildung von $(RO)_2PO_2^- + H^+$ zu dissoziieren.

Es sei hier nochmals an die Struktur der Reste R (Ribose bzw. Desoxyribose) erinnert:

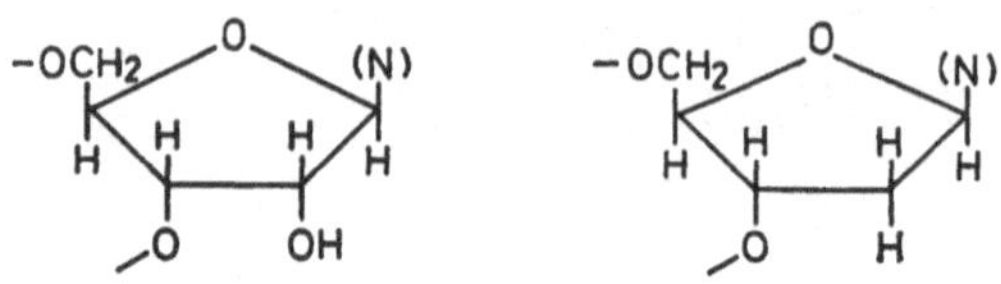

Riboserest oder Desoxyriboserest

Die Purinbasen Adenin und Guanin weisen die folgenden Strukturformeln auf:

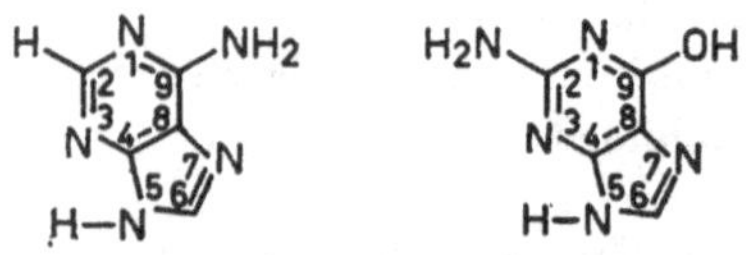

Adenin Guanin

Es ist ersichtlich, daß beide Basen mit Ausnahme der Substituenten in 2- und 9-Position identisch sind: H und NH_2 im Adeninmolekül; NH_2 und OH im Guaninmolekül. Bei der Bildung von Wasserstoffbrückenbindungen mit den Pyrimidinbasen der benachbarten Kette beteiligen sich die Aminogruppe, die Hydroxylgruppe und das Stickstoff-N-1-Atom des Guanins. Des weiteren ist hervorzuheben, daß die N=COH-Gruppierung auch in ihrer tautomeren Form (—NH—C=O) vorliegen kann.

Die Basen der Pyrimidinreihe sind durch folgende Strukturen gekennzeichnet:

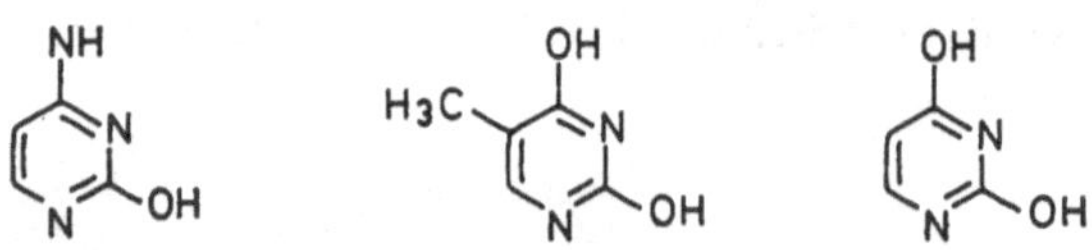

Cytosin Thymin Uracil

Cytosin ist in der DNS-Doppelhelix über drei Wasserstoffbrücken an Guanin gebunden:

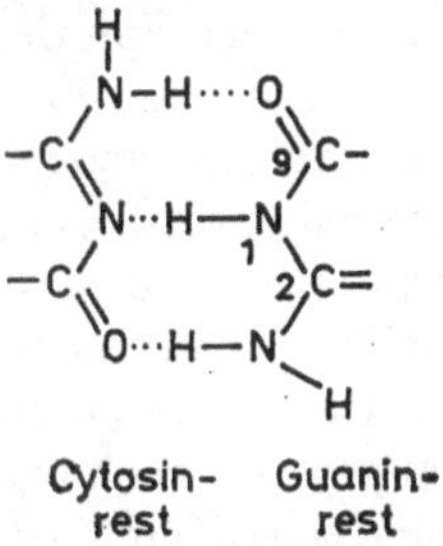

Thymin ist in der DNS-Doppelhelix über zwei Wasserstoffbrücken mit Adenin verknüpft:

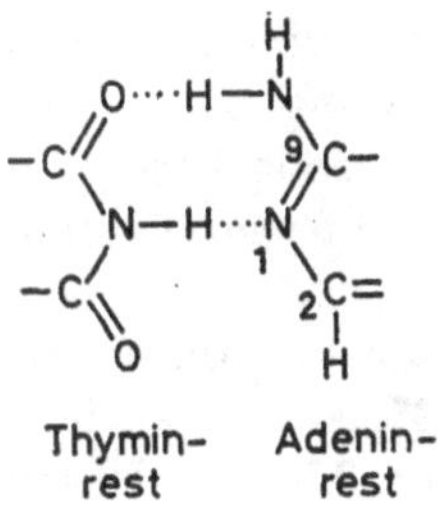

Schematisch kann ein Nucleinsäurestrang wie folgt formuliert werden:

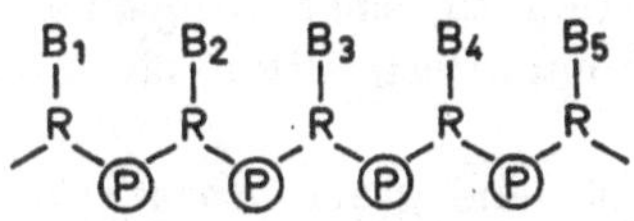

Im Falle der DNS sind B_1, B_2, B_3, B_4, B_5 usw. die oben genannten Stickstoffbasen (Adenin, Guanin, Cytosin und Thymin). Für die RNS werden für B_1, B_2, B_3, B_4, B_5 usw. die Stickstoffbasen Adenin, Guanin und Cytosin gefunden, während Thymin gegen Uracil vertauscht ist.

Wenn man Adenin und Guanin als B_1 bzw. B_2 bezeichnet und Cytosin und Thymin als B_3 und B_4, dann kann man die Verknüpfung zum Doppelstrang wie folgt darstellen:

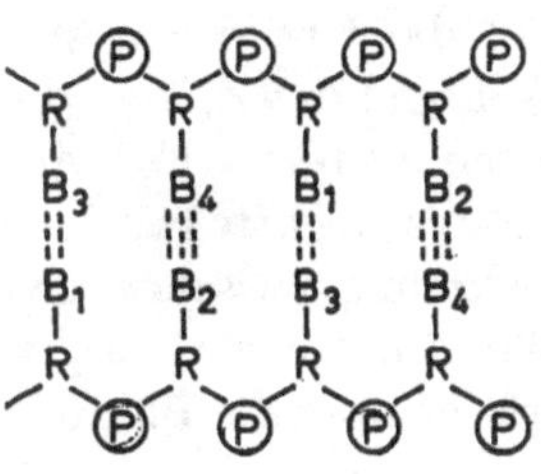

Der auf diese Weise erhaltene Doppelstrang windet sich zu einer Spirale, der sogenannten Doppelhelix, die einen Durchmesser von 20 Å und eine Windungslänge von 34,6 Å aufweist. Eine Windung der Spirale enthält zehn monomere Glieder. „Innerhalb“ der Doppelhelix befinden sich die Stickstoffbasen, die untereinander über Wasserstoffbrückenbindungen verknüpft sind und „außerhalb“ die Phosphatgruppen, die infolge der Dissoziation der Protonen eine „Schicht“ negativ geladener Sauerstoffatome bilden. Die gegenseitige Abstoßung solcher Atomschichten führt dazu, daß bei Temperaturerhöhung die Doppelhelix, die von zahlreichen Wasserstoffbrückenbindungen gebildet wird, aufspaltet und zwei isolierte Einzelstränge bildet (s. a. S. 23).

Die Aufspaltung der Wasserstoffbrückenbindungen isolierter Nucleinsäuren läßt sich in einem engen Temperaturbereich beobachten. Dabei erfolgt gleichsam ein „Schmelzen“ der intramolekularen regulären Struktur. Einen solchen Phasenübergang der DNS kann man anhand der Veränderung der Lichtabsorption im ultravioletten Spektralbereich (bei 260 nm) beobachten: Im Verlaufe der Denaturierung der DNS verstärkt sich die Lichtabsorption (hypochromer Effekt).

Die Ribosereste unterscheiden sich von den Desoxyriboseresten durch die Anwesenheit von zwei freien Hydroxylgruppen (auf jedes Monomere entfällt eine solche Gruppe); außerdem ist in der RNS anstelle von Thymin Uracil enthalten.

Infolge ihrer größeren Hydrophilie bestehen die Makromoleküle der RNS aus einer biegsamen Polynucleotidkette, die partiell zu einer Doppelhelix zusammentreten kann. Daraus resultieren recht komplizierte Sekundär- und Tertiärstrukturen der RNS.

Nucleinsäuren sind typische Polyelektrolyte, die eine große Anzahl von Ladungen tragen können (ein Anion auf ein monomeres Nucleotid). Daher überrascht es nicht, daß sowohl die Art als auch die Konzentration gelöster Kationen die physikalisch-chemischen Eigenschaften der „Salze“ von Nucleinsäuren sehr wesentlich beeinflussen.

Zu solchen Eigenschaften gehören die Konformation dieser Makromoleküle (vor allem der RNS), die Sedimentationsgeschwindigkeit, die Viskosität von Nucleinsäurelösungen sowie ihr spektrales Verhalten.

Von speziellem Interesse für die chemischen Eigenschaften der DNS sind deren Absorptionsspektren. Oben wurde angeführt, daß die Extinktion von DNS-Lösungen zunimmt, wenn die Wasserstoffbrückenbindungen, die die beiden Stränge der DNS zusammenhalten, aufgespalten werden. Es wird angenommen, daß die Anlagerung von Kationen an die äußere, negativ geladene Zone zu einer Verminderung der elektrostatischen Abstoßung zwischen den DNS-Einzelsträngen führt. Dadurch wird die Doppelhelixstruktur stabilisiert, und die „Schmelztemperatur“ der DNS wird erhöht. Erfolgt aber die Bindung der Metallionen an den Stickstoff- bzw. Sauerstoffatomen der Stickstoffbasen, die an der Bildung der Wasserstoffbrückenbindungen beteiligt sind, dann erniedrigt sich zwangsläufig die „Schmelztemperatur" der DNS.

Die Veränderung der Schmelztemperatur und die damit verbundene Variation der Absorptionsspektren kann durch die Ausbildung chemischer Bindungen zwischen Metallionen und Nucleinsäuren erklärt werden. Der folgende Strukturausschnitt einer Monomereneinheit eines DNS-Strangs verdeutlich die Bindungsmöglichkeiten für Metallionen:

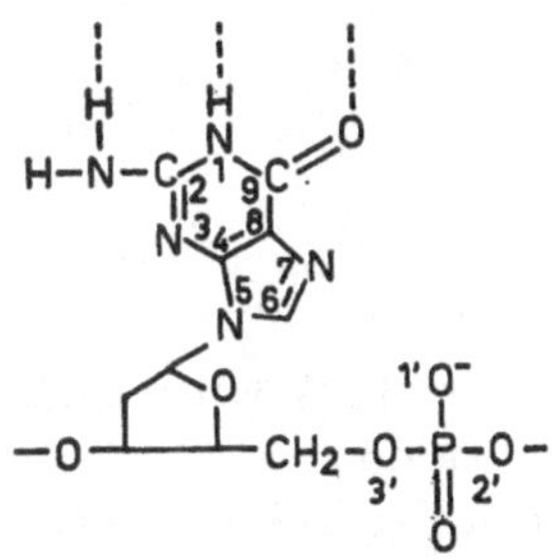

Metallionen können einzähnig an den negativ geladenen Sauerstoffligator der Phosphatgruppe (O-1') und an die freien Stickstoffatome (N-7 und N-3) der Heterozyklen gebunden werden. Ebenso ist aber auch die *Bindung von Übergangsmetallionen* an die Stickstoff- bzw. Sauerstoffligatoren möglich, die an der Bildung der Wasserstoffbrückenbindungen beteiligt sind.

Eine zweizähnige (*Chelat-*)*Bindung* von Metallionen kann unter Beteiligung von verschiedenen Ligatoratomen des Nucleotids verwirklicht werden, speziell unter Ausbildung von Chelatfünfringen des folgenden Typs:

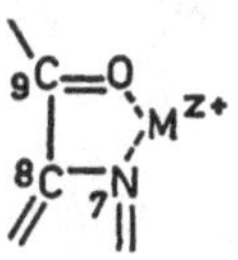

Nach Meinung zahlreicher Autoren ist auch eine Chelatbildung des Typs N(7)—*M*—O(1')⁻ möglich, wobei ein 11gliedriger Chelatring gebildet würde.

Außer diesen Bindungen können sich auch solche des Typs $O^- - M^{z+} - O^-$ (zwischen den Phosphatgruppen) bilden, die benachbarten Nucleotiden angehören. Auch „*Zwischenkettenbindungen*" des folgenden Typs sind möglich:

Es ist ersichtlich, daß zahlreiche Möglichkeiten der koordinativen Bindung von Metallionen an Polynucleotide bestehen, die hier nochmals zusammenfassend dargestellt werden sollen:

Einzähnige Koordination	Zweizähnige Koordination
I. $O^- - (1)$	*innerhalb des Nucleotids*
II. N – (7)	VII. N (7) ··· C (9) – O
III. N – (3)	VIII. N (7) ··· $O^- - 1'$
IV. N – (1)	*zwischen den Nucleotiden*
V. C – (2) – N	IX. O^- (1) ··· $O^- - 1''$
VI. C (9) – O	X. N (7) ··· N (3+)
	zwischen den Ketten
	XI. N (1) ··· N (II)
	XII. N (1) ··· O (II)

Die angeführten 12 Koordinationstypen erschöpfen nicht alle Möglichkeiten der koordinativen Bindung von Metallionen an Polynucleotide.

Zur Charakterisierung von Koordinationsverbindungen der Polynucleotide ist die Kenntnis ihrer Stöchiometrie wichtig. Als Bezugsgröße wählt man dafür eine (monomere) Nucleotideinheit. Wenn das Metallion an zwei Nucleotide koordinativ gebunden ist (Koordinationstyp 9 bis 12), dann ist das *stöchiometrische Verhältnis* $c_M/c_{NS} = 0{,}5$ und bei allen anderen Koordinationsarten gleich 1,0. Wenn zwei Metallionen auf unterschiedliche Weise an das gleiche Nucleotid gebunden sind, dann ist das stöchiometrische Verhältnis c_M/c_{NS} gleich 1,5 oder 2,0.

In vielen Fällen ist die Bestimmung der stöchiometrischen Zusammensetzung infolge der Dissoziation dieser Verbindungen erschwert. Der Dissoziationsgrad der Metallpolynucleotide wird in erster Linie durch die Stabilitätskonstante bestimmt, d. h. im einfachsten Fall durch:

$$K_{\text{Stab}} = \frac{[M_{\text{bond}}]}{[M]\,[NS]} \qquad \text{(IX.1)}$$

($[M_{\text{bond}}]$ – Konzentration der Metallionen, die an das Polynucleotid gebunden sind; $[M]$ – Metallionenkonzentration in der Lösung; $[NS]$ – Konzentration an „freiem" Nucleotid).

Die Größe $[M_{\text{bond}}]$ in Gl. (IX.1) ist nicht eindeutig definiert. Wenn für alle Metallionen der gleiche Koordinationstyp vorliegt, dann hat der Ausdruck $[M_{\text{bond}}]$ eine definierte Bedeutung; unterschiedliche Koordinationsarten erfordern aber die Berechnung entsprechend vieler lokaler Stabilitätskonstanten.

In erster Näherung kann man zwei Arten der koordinativen Bindung unterscheiden: Koordination über Stickstoffligatoren (Koordinationstypen II bis V, X, XI und teilweise VII bis IX) bzw. über die Sauerstoffligatoren der Phosphatgruppen (Koordinationstyp 1 und 9).

Für Koordinationsverbindungen von Kupfer und Eisen mit DNS konnten erhebliche Unterschiede der lokalen Stabilitätskonstanten in bezug auf den ersten oder zweiten Koordinationstyp der Metallionen nachgewiesen werden [8, 26].

Kapitel X

Angewandte Aspekte der Bioanorganischen Chemie

Gegenwärtig deuten sich bereits erste praktische Nutzungsmöglichkeiten von Ergebnissen der bioanorganischen Chemie an, speziell in der Medizin [1, 15, 19, 31], aber auch in der Landwirtschaft (Pflanzenzucht). Konzepte der bioanorganischen Chemie erwiesen sich als nützlich bei der Diskussion der biologischen Kreisläufe toxischer Elemente [38] (Umweltbelastung durch toxische Elemente und ihre Wirkung auf verschiedene Organismen, wie Bakterien, Wasserpflanzen, Pilze sowie höhere Pflanzen und Tiere). Im Prinzip ist die Entwicklung einer chemischen Bionik möglich, die der Modifizierung und Nutzung biologischer Prozesse zu industriellen Zwecken dienen kann (Fixierung von Stickstoff unter milden Reaktionsbedingungen, Anreicherung und Auftrennung wertvoller Spurenelemente etc.).

Die Bedeutung der bioanorganischen Chemie für die *Medizin*[1] ist vor allem darauf zurückzuführen, daß die Konzentration an Biometallionen im gesunden Organismus durch ein System von Proteinen und Hormonen streng kontrolliert und auf einem definierten Niveau gehalten wird.

Die „Vorräte" an Biometallen im Organismus werden systematisch aufgefüllt: Sie sind in genügender Menge in der vom Menschen aufgenommenen Nahrung sowie im Wasser enthalten. Lediglich in Ausnahmefällen muß man zu speziellen Präparaten Zuflucht nehmen, die bestimmte Bioelemente in einer vom Organismus resorbierbaren Form enthalten.

Ein Mangel an Bioelementen kann zu einer Reihe von Erkrankungen führen. So kann Eisenmangel zu anämischen Krankheitserscheinungen, Kupfermangel zu Gefäßzerstörungen und Magnesiummangel zu einer Zerstörung der Ribosomen führen.[2]

Auch ein Überschuß an Bioelementen, hervorgerufen durch eine Störung von konzentrationsregulierenden Systemen, kann zu schweren Erkrankungen

---

[1] Siehe hierzu auch: Perrin, D. D.: Trop. Curr. Chem. **64**, 181 (1976) (Anm. der Herausgeber).

[2] Kupfermangelerkrankungen sind beim Menschen bisher nicht nachgewiesen worden. Ausführlichere Darstellung möglicher Mangelerkrankungen siehe Rapoport, S. M.: „*Medizinische Biochemie*" (*Anm. der Herausgeber*).

führen. Als Beispiel kann auf die WILSONsche Krankheit verwiesen werden, die durch einen Kupferüberschuß, der sich in der Leber, im Gehirn und in den Nieren anhäuft, hervorgerufen wird. Ein großer Eisenüberschuß kann zur Siderose führen, bei Calciumüberschuß sind „Stein"-Bildungen und Ablagerungen an den Gefäßwänden zu beobachten.

Von wesentlichem Interesse ist der Einfluß von überschüssigem Kalium auf die Herztätigkeit Die Verdoppelung der normalen extrazellulären Kaliumkonzentration führt zu schweren Störungen der Herzleistungen, während die analoge intrazelluläre Veränderung der Kaliumionenkonzentration keine merklichen Folgen hervorruft.

Veränderungen von Metallionenkonzentrationen im Organismus sind bei vielen Erkrankungen infolge einer Störung der konzentrationsregulierenden Systeme zu beobachten. So erhöht sich die Kupferionenkonzentration bei zahlreichen Lebererkrankungen (infektiöse Gelbsucht, Zyrrhose) auf das mehrfache. Das gleiche Bild findet man bei Nephritis, Psoriasis, Leukämie und anderen Erkrankungen. Auf diese Weise kann man die Veränderung der Kupferionenkonzentration im Organismus zu diagnostischen Zwecken und zur Kontrolle der Heilung der Grunderkrankung heranziehen.

Die bioanorganische Chemie betrachtet nicht nur die Wechselwirkungen der „Lebensmetalle" mit dem Organismus, sondern auch solche anderer Metalle. Das trifft insbesondere auf die Untersuchung der molekularen Ursachen der Toxizität von Quecksilber, Arsen, Wismut, Blei und Beryllium zu.

Die ersten vier der genannten Metallionen blockieren die Sulfhydrylgruppen von Proteinen, oder aber sie verdrängen Kupfer und Zink aus den aktiven Zentren entsprechender Enzyme. Beryllium vermag einige Hydrolasen zu blockieren und wird darüber hinaus fest an Nucleinsäuren gebunden.

In diesem Zusammenhang ist es von Interesse, daß viele Arzneistoffe Ligandeneigenschaften aufweisen, die spezifisch für bestimmte Metalle bzw. eine Gruppe von Metallionen sind.

Die Wirkung von Stoffen, die selektiv toxische Metallionen bzw. einen (schädlichen) Überschuß an lebenswichtigen Metallen zu binden vermögen, ist auf der Grundlage molekularer Wechselwirkungen zu verstehen.[1] Solche Stoffe kann man als Detoxikantien[2] bezeichnen. Detoxikantien müssen zumindest drei Anforderungen erfüllen: Detoxikantien sowie ihre Metallkomplexe dürfen nicht toxisch sein, die Metallkomplexe von Detoxikantien müssen stabiler sein als die entsprechenden Proteinkomplexe, und Detoxikans-Metallkomplexe

---

[1] Ergänzende Literatur: KLIMMER, O. R.: Toxikol. **24**, 15 (1968); JONES, M. M., PRATT, T. H.: J. Chem. Educat. **53**, 342 (1976) (*Anm. der Herausgeber*).

[2] Gebräuchlich ist die Bezeichnung Antidot (*Anm. der Herausgeber*).

müssen lipidlöslich sein, um die Permeationsbarriere von Zellmembranen überwinden zu können.

Betrachten wir einige der wichtigsten Detoxikantien.

Dithioglycerin (Britisch-Anti-Lewisit, BAL) $CH_2OH{-}CHSH{-}CH_2SH$ vermag Arsen, Quecksilber, Tellur, Thallium und Gold (aber nicht Blei!) zu binden und aus dem Körper auszuscheiden.

D-Penicillamin $(CH_3)_2C(SH){-}CH(NH_2){-}COOH$ bildet sehr stabile Kupferkomplexe und wird daher mit Erfolg zur Heilung der WILSONschen Krankheit angewendet.

Ethylendiamintetraacetat $[(OOCCH_2)_2{-}N{-}CH_2{-}]_2^{4-}$ bildet stabile Komplexe mit Blei und Vanadium und begünstigt deren Ausscheidung aus dem Organismus. Es ist zweckmäßig, diese Verbindung in Form ihres Natrium-Calcium-Salzes ($Na_2CaEDTA$) anzuwenden, um eine Bindung und damit Entfernung des lebensnotwendigen Calciums aus dem Organismus zu vermeiden. Andererseits besteht durch die Anwendung des Natriumethylendiamintetraacetats (Na_4EDTA) die Möglichkeit, die Calciumionenkonzentration (z. B. zur Verhinderung der Blutgerinnung) im Körper zu vermindern.

Aurintricarboxylat 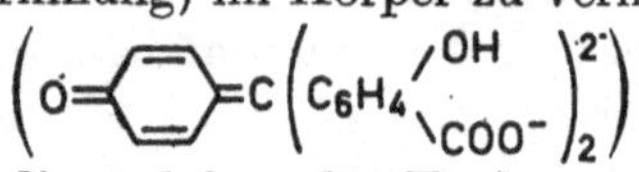 bildet stabile Komplexe mit Berryliumionen und dient daher der Entfernung dieses Elements aus dem Organismus. Zum gleichen Zweck kann man auch Natriumsalicylat anwenden.

Desferrioxamin B, eine Verbindung mit hoher Molmasse, vermag sehr stabile Eisenchelate zu bilden und kann somit die Ausscheidung dieses Elements aus dem Organismus bewirken.

Bei Mangelerkrankungen, verursacht durch einen Unterschuß an bestimmten Metallionen, ist es oftmals erforderlich, die fehlenden Elemente dem Körper in entsprechender Form zuzuführen. So wird z. B. Eisen als Fe^{++} resorbiert, weshalb man die Anwendung von einfachen und komplexen Eisen(II)-Verbindungen (z. B. Eisen(II)-ascorbinat, Ascorbinsäure zugleich starkes Reduktionsmittel!) bevorzugt.

Die Wirkung zahlreicher Arzneimittel und auch toxischer Stoffe beruht auf der Blockierung aktiver Zentren von Metalloenzymen. Es ist allgemein bekannt, daß Cyanidionen Enzyme der Atmungskette blockieren, indem sie mit dem Zentralmetall dieser Metalloproteine in koordinative Wechselwirkung treten.

Disulfiram (Tetraethyl-thiuramdisulfid; $[(C_2H_5)_2N{-}\underset{\underset{\displaystyle S}{\|}}{C}{-}S]$ blockiert das Zentralmetall Kupfer in der Acetaldehydoxydase und wird zur „Therapie" des Alkoholismus eingesetzt. Seine Wirkung beruht darauf, daß Ethanol nur bis zum Acetaldehyd oxydiert wird, der sich im Körper ansammelt und zu beträchtlichem Unwohlsein führt.[1]

Acetazolamid[2] 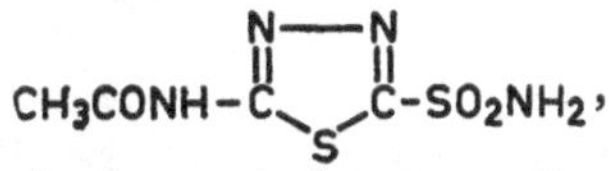 , ein Diuretikum, inhibiert spezifisch die Carboanhydrase, indem es mit dem Zentralmetall dieses Enzyms, dem Zink, in Wechselwirkung tritt.

Einige Hydrazinderivate inhibieren die Monoaminoxydase (Kupfer als Zentralmetall) und können als Psychostimulantien angewendet werden.

Die zentrale Bedeutung, die Natrium-, Kalium-, Magnesium- und Calciumionen in der Medizin zukommt, bestätigt sich auch hinsichtlich der Wirkung dieser Ionen auf Digitalisglycoside, die als Kardiaka appliziert werden. Diese sogenannten Herzglycoside üben eine starke Wirkung auf den Herzmuskel aus, indem sie einerseits intensive Kontraktionen hervorrufen, andererseits aber die Frequenz der Kontraktionen verringern. Ein Überschuß an Herzglycosiden kann zum Herzstillstand führen. Die Wirkung der Herzglycoside kann durch Einbringen von K^+ in das Blut abgeschwächt werden. Calcium-Verbindungen verstärken die Wirkung von Herzglycosiden, da sie kontrahierend auf den Herzmuskel wirken. Dieser Effekt kann durch Chelatbildung der Calciumionen mit Ethylendiamintetraacetat verringert werden. Allerdings ist hervorzuheben, daß die Wechselbeziehungen zwischen der Konzentration an Alkali- und Erdalkalimetallionen und der Wirkung von Herzglycosiden keinesfalls als völlig geklärt zu betrachten ist.

Zur Therapie manisch-depressiver Zustände werden Lithium- und Rubidiumverbindungen[3] appliziert.

Einige Koordinationsverbindungen können als Antimykotika bzw. als bakterizide Mittel genutzt werden; auch einige potentielle Liganden mit gleicher Wirkung sind bekannt geworden.

So verfügt Tris(8-hydroxychinolinato)eisen(III) über ausgeprägte bakterizide und fungizide Eigenschaften [1]. Diese Eigenschaften sind weder für das freie Zentralmetall (Fe^{+++}) noch für den freien Liganden (8-Hydroxychinolin) nachzuweisen. Offenbar vermag nur der 1: 3-Komplex Tris(8-hydroxychinolinato)eisen(III) Zellmembranen zu durchdringen. In der Zelle zerfällt diese Verbindung über den 1: 2-Komplex in das 1: 1-Chelat, das die höchste Aktivität aufweist.

---

[1] Zu diesem Problem siehe auch: Ohlenschläger, G.: G. I. T. **21**, 273 (1977) (*Anm. der Herausgeber*).

[2] Nephramid gemäß Arzneimittelverzeichnis der DDR (*Anm. der Herausgeber*).

[3] Rubidiumverbindungen sind im Arzneimittelverzeichnis der DDR nicht angegeben (*Anm. der Herausgeber*).

Die tuberkulostatische Wirkung von Tebethion[1] 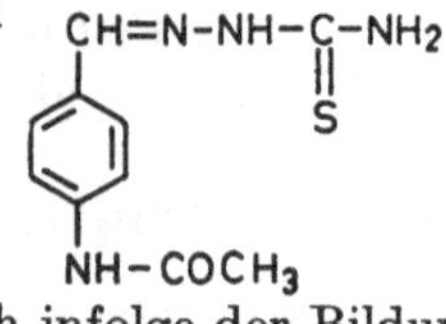 wird durch Kupferverbindungen verstärkt, wahrscheinlich infolge der Bildung von Komplexen, die die Zellmembran leichter zu durchdringen vermögen. In gleicher Weise verstärken Kupferionen die bakterizide Wirkung der Kojisäure

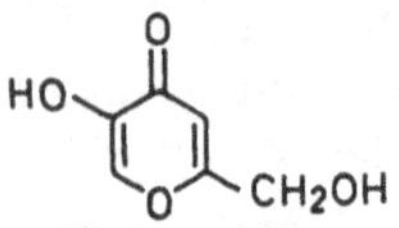

und einiger anderer Antibiotika.

Tetracycline vermögen die Ribosomen von Mikroorganismen zu zerstören, indem sie deren Magnesiumionen binden. Die Zugabe von Magnesiumionen hebt die durch Tetracycline hervorgerufene Vermehrungs- und Wachstumsdepression von Mikroorganismen wieder auf.

Die Ursachen der bakteriziden bzw. fungiziden Wirkung verschiedener Metallkomplexe sind mannigfach und noch längst nicht völlig geklärt. Mindestens drei Wirkungsmechanismen sind zu diskutieren:

1. Die eigentlich wirksame Spezies ist der Ligand, der Komplex dient nur als Transportform.
2. Das Metallion ist die aktive Komponente, der Komplex vermittelt lediglich die Permeation der Zellmembran.
3. Die Koordinationsverbindungen treten als wirksame Teilchen mit Zellbestandteilen in Wechselwirkung.

Als Beispiele für den letztgenannten Mechanismus kann man Tris(2,2'-Dipyridyl)eisen(II)-sulfat und Tris(1,10-phenanthrolin)ruthenium(II)-iodid anführen. Diese Komplexverbindungen verursachen Lähmungserscheinungen ähnlich denen, die von Curarealkaloiden hervorgerufen werden. Es ist bekannt, daß Alkaloide vom Curaretyp die Nervenendplatten desaktivieren, indem sie mit Acetylcholin $\left((CH_3)_3\overset{+}{N}CH_2CH_2O\dot{C}CH_3)\right)$ in Wechselwirkung treten. Der positiv geladene „Kopf" des Acetylcholins — $(CH_3)_3N^+$ — weist einen Durchmesser von ca. 6,4 Å auf; etwa den gleichen Durchmesser besitzen die oben genannten komplexen Kationen. Während auch andere komplexe Kationen, wie $[Co(NH_3)_5NO_2]^{++}$ und $[Co(NH_3)_6]^{3+}$, stark wirksam sind, rufen elektroneutrale Komplexverbindungen keine merklichen Effekte hervor.

In den letzten Jahren ist ein beträchtliches Anwachsen der Untersuchungen zur Synthese und zur Auswahl (durch sog. screening-Tests) von Verbindungen

[1] Im Arzneimittelverzeichnis der DDR nicht mehr enthalten (*Anm. der Herausgeber*).

mit potentiell cancerostatischen Eigenschaften zu beobachten[1]. Bis zum Jahre 1969 waren vorwiegend organische Verbindungen das eigentliche Suchgebiet nach solchen Stoffen. So wurden in den USA bis zum Jahre 1969 150000 Verbindungen getestet, darunter nur 20 anorganische Vertreter.

Ein grundlegender Umschwung vollzog sich auf diesem Gebiet nach der Entdeckung der cancerostatischen Wirkung einiger Platinverbindungen durch ROSENBERG und VAN CAMP [29] im Jahre 1969[2]. Im gleichen Jahr wurde gefunden, daß diese Verbindungen nicht nur cancerostatisch, sondern auch gegen Bakterien und Viren (Unterdrückung der DNS-Synthese) wirksam sind. Dabei verfügen verschiedene Verbindungen über eine gewisse Selektivität hinsichtlich ihrer Wirkung auf unterschiedliche Tumoren.

Zur Auswahl und Testung cancerostatischer Verbindungen werden statistische Auswerteverfahren herangezogen, die z. B. der Ermittlung der folgenden Kriterien dienen:

1. Die Bestimmung des Verhältnisses T/C (in %), speziell für derbe Tumoren (T ist das Gewicht eines behandelten Tumorabschnittes, C das eines unbehandelten Abschnittes). Ein Präparat wird erst dann als aussichtsreich angesehen, wenn T/C kleiner als 50% ist.
2. Die Ermittlung des Therapeutischen Index ($TI = LD_{50}/ID_{90}$; LD_{50} ist die Dosis eines Präparats, die die Hälfte der Population von Versuchstieren tötet — LD bedeutet letale Dosis —; ID_{90} ist die Dosis, die bei 90% der Versuchstierpopulation eine therapeutische Wirkung hervorruft; TI-Angabe in %).
3. Die Bestimmung der „Verlängerung der Lebenszeit" (ILS in %) beim Vergleich von behandelten und unbehandelten Kontrolltieren. Diese Kennziffer wird zur Testung neuer Präparate der Leukämietherapie genutzt.

Die Untersuchung von Verbindungen der 3*d*-Elemente zeigte, daß sich lediglich einige wenige in geringem Maße als hoffnungsvoll für die Krebs-Therapie erweisen können.

Von den einfachen Halogeniden der 3*d*-Elemente zeigt nur Zinkchlorid eine gewisse Aktivität, wie auch — bei geringer Toxizität — einige Salze von Carbonsäuren (z. B. Manganmalonat). Cancerostatische Aktivität konnte auch für einige Kupfer(II)-Verbindungen nachgewiesen werden (z. B. Dimethylglyoximat bei der Leukämietherapie, Thiosemicarbazon- und Rubeanwasserstoffderivate u. a. m.). Cobaltverbindungen des Cysteins und Phenylthioharnstoffs verfügen gleichfalls über potentiell cancerostatische Eigenschaften.

---

[1] Siehe hierzu auch: FERGUSON, L. N.: J. chem. Educat. **52**, 688 (1975) (*Anm. der Herausgeber*).

[2] Ausführlichere Zusammenfassung zu diesem Problem siehe CLEARE, M. J.: Coord. Chem. Rev. **12**, 349 (1974) (*Anm. der Herausgeber*).

Einige Krebsformen (z. B. WALKER-Syndrom) erwiesen sich als empfindlich gegenüber Cobalt-Verbindungen von SCHIFFschen Basen, z. B. mit Salicylaldiminen ($T/C = 21\%$) $O{-}C_6H_4\langle^{O^-}_{CH=N-R}$

Auch $[Cr(NH_3)_4C_2O_4][Cr(C_2O_4)_2(NH_3)_2]$ beeinflußt einige Tumoren in geringem Maße.

Diese Untersuchungen wurden stimuliert durch die Präzisierung der Vorstellungen über die potentielle Wirkungsweise cancerostatischer Verbindungen. Eine dieser Hypothesen geht z. B. davon aus, daß zur Unterdrückung der Tumorenbildung die Blockierung der Enzyme erforderlich ist, die ihr schnelles Wachstum hervorrufen.

S. KIRSCHNER ging von der Virushypothese der Tumorbildung aus. Er nahm an, daß man als Cytostatika solche Koordinationsverbindungen benutzen kann, die fähig sind, Viren zu blockieren, nicht aber natives Eiweiß. Als potentiell cancerostatische Verbindungen schlug er Komplexe des Platins vor, die Liganden mit *S*-Ligatoren enthalten.

ROSENBERG und VAN CAMP (1969) fanden, daß cis$[Pt(NH_3)_2Cl_2]$ das Wachstum von *Escherichia coli* begünstigt, während die Zellteilung unterdrückt wird. Die gleiche Verbindung erweist sich auch als cancerostatisch ($T/C = 1{,}8\%$). In einigen Fällen konnte das Ausbleiben von Neubildungen des Sarkoms 180 und eine vollständige Ausheilung der Versuchstiere (Mäuse) beobachtet werden. Gegenwärtig wird diese Verbindung in verschiedenen Kliniken der USA erprobt. Erschwerend wirkt sich dabei die hohe Toxizität (Nierenschädigungen) von $[Pt(NH_3)_2Cl_2]$ aus.

In diesem Zusammenhang ist es von Interesse, daß nur cis-Platin(II)-Komplexverbindungen über cancerostatische Wirksamkeit verfügen, während die entsprechenden trans-Isomeren inaktiv sind. Bemerkenswert ist auch, daß die cis-Isomeren bedeutend toxischer sind, obwohl die Reaktionsfähigkeit der trans-Isomeren höher ist.

Untersucht wurde auch der Einfluß unterschiedlicher Aminliganden (A) und Anionen (X^-) in Koordinationsverbindungen des Typs $[PtA_2X_2]$ im Hinblick auf die chemotherapeutische Wirksamkeit dieser Verbindungsklasse.

Die Austauschgeschwindigkeit von koordinierten Anionen gegen Wasser (sog. Aquatisierung) nimmt in folgender Reihe ab:

$$NO_3^- > H_2O > Cl^- > Br^- > J^- > SCN^- > NO_2^-.$$

Im Zusammenhang mit dieser Reaktivitätsabstufung ist die Beobachtung bemerkenswert, daß nur Verbindungen mit koordiniertem Chlorid oder Bromid über cancerostatische Eigenschaften verfügen. Das Aminoaquokation $[Pt(A)_2(OH_2)_2]^{++}$ selbst ist durch eine sehr hohe Toxizität gekennzeichnet.

Daraus folgt offenbar ein gewisses Reaktivitätsoptimum: Effektiv sind solche Anionen, die einerseits nicht zu beweglich, andererseits aber auch nicht zu inert sind.

Zweifach geladene Anionen (Oxalat, Malonat, Methylmalonat u. a. m.) bilden Verbindungen mit ausgeprägter chemotherapeutischer Wirksamkeit, obwohl sie kinetisch ziemlich stabil (inert) sind; es wird vermutet, daß sie enzymatisch aquotisiert werden.

Die folgende Übersicht enthält einige Angaben über die cancerostatische Wirkung von Komplexverbindungen einiger Platinmetalle mit einwertigen und zweiwertigen Anionen:

Komplex	*T/C*	Komplex	*T/C*
cis-$Pt(NH_3)_2(NO_3)_2$	54	—	—
cis-$Pt(NH_3)_2Cl_2$	1	Pt *en*Cl_2	4
cis-$Pt(NH_3)_2Br_2$	30	Pt *en* Br_2	31
cis-$Pt(NH_3)_2I_2$	110	Pt *en*I_2	82
cis-$Pt(NH_3)_2(SCN)_2$	70	Pt *en*$(SCN)_2$	83
cis-$Pt(NH_3)_2(NO_2)_2$	90	Pt *en*$(NO_2)_2$	71
cis-$Pt(NH_3)_2Cl_2$	83	Pd *en*Cl_2	79
mer-$Rh(NH_3)_2Cl_2$	17	$Ir(NH_3)_2Cl_3$	73
trans-$Pt(NH_3)_2Cl_2$	85	—	—
trans-$Pt(NH_3)_2Br_2$	110	—	—
$Pt(NH_3)_2C_2O_4$	25	Pt *en*C_2O_4	73
$Pt(NH_3)_2$*mal*	12—20	Pt *en mal*	18
$Pt(NH_3)_2$*Memal*	7	Pt *en Memal*	4
$Pt(NH_3)_2$*Memal*		Pt *en Etmal*	51
$Pt(NH_3)_2$*Etmal*	17	Pt *en mal*	75
$Pt(NH_3)_2$*mal*	55		

$$mal - CH_2{<}^{COO^-}_{COO^-} \quad \Big| \quad Me\ mal - CH_3CH{<}^{COO^-}_{COO^-} \quad \Big| \quad Et\ mal - C_2H_5CH{<}^{COO^-}_{COO^-}$$

Komplexverbindungen des Typs $[Pt(en)X_2]$ weisen vergleichbare Eigenschaften wie die entsprechenden Aminkomplexe auf, mit der Ausnahme, daß $[Pt(en)C_2O_4]$ ziemlich toxisch ist.

Die Variation der Aminliganden *A* erwies sich als wirkungslos für die Therapie des Sarkoms 180, während für andere Tumoren eine Zunahme der Aktivität in Abhängigkeit vom Rest R des Amins gefunden werden konnte.

Der Austausch der Aminliganden gegen Phosphin, Diethylsulfid oder Dimethylsulfoxid, führt zu nahezu vollständigem Verlust der chemotherapeutischen Eigenschaften der Platinverbindungen.

Neben der Zusammensetzung der Komplexverbindungen kommt auch ihrer Ladung große Bedeutung zu: Nur elektroneutrale Verbindungen verfügen über cancerostatische Wirksamkeit.

Es gibt Hinweise darauf, daß die Wirkung der Platinkomplexe auf ausschließliche Wechselwirkungen ihrer cis-Formen mit DNS zurückzuführen ist. Biochemische Tests zeigen, daß nur die cis-Formen die DNS-Synthese stark unterdrücken, während die entsprechenden trans-Diamine nicht über solche Eigenschaften verfügen. Die RNS- sowie Proteinsynthese wird dagegen nur in unbedeutendem Maße beeinflußt. Das ist chemisch schwer verständlich, da die Platin(II)-Komplexverbindungen auch mit RNS und Proteinen in koordinative Wechselwirkung treten sollten. Das Zentralmetall Platin(II) vermag offenbar die beiden Stränge der DNS fest miteinander zu verknüpfen, obwohl auch eine zweizähnige Koordination des Platins an Guanosin oder Cytidin (über die NH_2-Gruppe und Ring-N) nicht ausgeschlossen ist. Komplexe des Typs $[PtA_2(nucl)_2]$ (*nucl*, Nucleotidanion) sind präparativ zugänglich.

Verbindungen anderer Platinmetalle verfügen über eine bedeutend geringere chemotherapeutische Wirksamkeit (z. B. $[Pd(NH_3)_2Cl_2]$: $T/C = 83$; $[Pd(NH_3)_2mal]$: $T/C = 55$).

Günstigere Eigenschaften scheinen Palladium(II)-Verbindungen mit O,O'-Dimethyldithiophosphat (1:2) sowie der Palladium(IV)-Komplex $[Pd(NH_3)_2Cl_4]$ aufzuweisen.

Die Rhodiumverbindung *mer*-$[Rh(NH_3)_2Cl_3]$ erwies sich als wirksam gegenüber einigen Tumoren, während andere Rhodium(III)-Komplexverbindungen weniger aktiv sind.

Iridium(III)-Komplexe sind therapeutisch unwirksam (manche zeigen nach UV-Bestrahlung geringe Aktivitätszunahme).

Obwohl $[Ru(NH_3)_2Cl_3]$ auf das Wachstum von *E. coli* ähnlich wirkt wie cis-$[Pt(NH_3)_2Cl_2]$, zeigt diese Verbindung keine cancerostatischen Eigenschaften.

Aus dem bisher Dargelegten lassen sich eine Reihe von verallgemeinerungsfähigen Aussagen für eine gezielte Suchforschung nach chemotherapeutisch wirksamen Verbindungen treffen:

1. Untersuchung der Wechselwirkung der zu testenden Verbindungen mit Proteinen (einschließlich Metalloproteine) und Nucleinsäuren in vitro;
2. Lipidlöslichkeit der Verbindungen (Permeationsfähigkeit für Biomembranen);
3. Untersuchung der Verbindungsklasse in vivo bei streng limitierten pH-Werten und Temperaturen sowie einer großen Auswahl verschiedenartiger Liganden;

4. Untersuchung aller metabolischen Prozesse, die mit der zu testenden Substanzklasse in Verbindung stehen sowie der gebildeten Metaboliten (mitunter erweisen sich nicht die ursprünglichen Substanzen, sondern ihre Metaboliten als therapeutisch wirksam);
5. Testung der — möglicherweise toxischen — Nebenwirkungen der Verbindungsklasse, einschließlich ihrer Metaboliten;
6. Untersuchung der Verträglichkeit für und der Anpassungsfähigkeit (Gewöhnung) des Körpers an die betreffende Substanzklasse.

Ein weiteres mögliches Anwendungsgebiet von Ergebnissen der bioanorganischen Chemie ist die *Landwirtschaft*, und hier speziell die *Pflanzenzucht*.

In den letzten Jahren wurde eine Methode zur Bekämpfung der Kalkchlorose der Pflanzen ausgearbeitet. Infolge des hohen pH-Wertes von Kalkböden bilden viele Elemente, darunter auch Eisen(III), schwerlösliche Carbonate und auch Hydroxide, wodurch sie von den Pflanzen nicht mehr aufgenommen werden können. Der Versuch, den durch solche Böden verursachten Mangel an transportablen Eisenverbindungen durch Eisengaben zu beheben, ist infolge der unmittelbar folgenden Hydroxid- bzw. Carbonatbildung unwirksam.

Komplexone bieten die Möglichkeit der Überführung des Eisens in stabile, lösliche und die Zellmembran durchdringende Eisen(III)-Komplexverbindungen. Zu diesem Zweck wurde in den fünfziger Jahren erstmals Ethylendiamintetraacetat angewendet. Ein gewisser Erfolg bei der Chlorosebekämpfung ließ sich jedoch nur auf mäßig sauren Böden beobachten, da die EDTA-Eisenkomplexe im basischen Milieu zu wenig stabil sind (Ausfällung von Eisen(III)-hydroxid).

Zur Bekämpfung der Chlorose erwiesen sich die folgenden Komplexone als geeignet: Diethylentriaminpentaacetat (DTPA), Triethylentetraminhexaacetat (TTHA) und Tetraethylenpentaminheptaacetat (TPHA). Diese Liganden bilden Eisen(III)-Komplexe mit Stabilitätskonstanten, die um einige (3—4) Größenordnungen höher sind als die der EDTA-Komplexe, was ihre Anwendung in der Landwirtschaft möglich macht.

Bei der Auswahl der Komplexone ist jedoch nicht nur die Kenntnis der Stabilitätskonstanten ihrer Eisen(III)-Komplexe, sondern auch die ihrer Stabilität gegenüber Mikroorganismen sowie ihre Toxizität gegenüber Pflanzen, Tieren und Menschen erforderlich. Das betrifft nicht nur die Komplexone und ihre Metallchelatverbindungen, sondern auch ihre Metaboliten.

Bestimmte Erkenntnisse der bioanorganischen Chemie kann man auch erfolgreich auf den *Umweltschutz* vor toxischen Elementen und Verbindungen anwenden.

Durch die menschliche Tätigkeit verändert sich die Bilanz der Stoffe, die in die Umwelt gelangen, beträchtlich. Dadurch wird die Umwelt selbst beeinflußt. Die biologischen Systeme, die „bilanzregulierend" wirken, vermögen sich nicht schnell genug an diese „neue Umwelt" anzupassen, und darin besteht im eigentlichen das „Umweltproblem".[1]

Für einen wirksamen Umweltschutz sind einerseits eine genaue Analyse anthropogener Schadstoffe und ihre Wechselwirkung mit der Umwelt, andererseits aber effektive Maßnahmen zur Abwendung einer weiteren Verschmutzung wie auch die Schaffung der notwendigen biologischen Schutzmittel erforderlich. Tabelle 30 enthält einige Angaben, wie durch die menschliche Einwirkung die Verteilungsgeschwindigkeit verschiedener Elemente (potentielle Schadstoffe) beeinflußt wird.

Tabelle 30: Geschwindigkeit der Abnahme der Metalle in der Erdrinde (t/a)

Element	„Geologische Geschwindigkeit" v_g	Geschwindigkeit der Ausbeutung durch den Menschen v_h	v_h/v_g
Eisen	$2{,}5 \cdot 10^7$	$3{,}2 \cdot 10^8$	12,8
Kupfer	$3{,}8 \cdot 10^5$	$4{,}5 \cdot 10^6$	11,8
Zink	$3{,}7 \cdot 10^5$	$3{,}9 \cdot 10^6$	10,5
Blei	$1{,}8 \cdot 10^5$	$2{,}3 \cdot 10^6$	12,5
Mangan	$4{,}4 \cdot 10^5$	$1{,}6 \cdot 10^6$	3,6
Zinn	$1{,}5 \cdot 10^3$	$1{,}7 \cdot 10^5$	113
Molybdän	$1{,}3 \cdot 10^4$	$5{,}7 \cdot 10^4$	4,4
Quecksilber	$3 \cdot 10^3$	$7 \cdot 10^3$	2,3
Silber	$5 \cdot 10^3$	$7 \cdot 10^3$	1,4

Die Elemente, die in die Umwelt gelangen, kann man in toxische und nichttoxische unterteilen, obwohl diese Einteilung als relativ zu betrachten ist. So führt z. B. ein Überschuß des nichttoxischen Elements Eisen im Organismus zur Siderose und ein Überschuß an lebensnotwendigem Kupfer zu Vergiftungen und schweren Erkrankungen. Die für die meisten Organismen typischen toxischen Elemente sind im PSE benachbart (Tab. 31).

Mit Ausnahme des Berylliums bilden alle in Tab. 31 angeführten Elemente leicht Sulfide und vermögen daher die Sulfhydrylgruppen von Proteinen zu blockieren.

Die toxischen Elemente können gleichfalls mit DNS, RNS, Metalloproteinen sowie den Phospholipiden der Biomembranen in Wechselwirkung treten.

[1] Zum „Umweltproblem" sei auf einige weitere Übersichten verwiesen: KORTE, F.: Naturwiss. Rdsch. **23**, 445 (1970), Chimia **30**, 38 (1976); BERNHARDT, K.-H.: Spektrum **4**, 31 (1977) (*Anm. der Herausgeber*).

Tabelle 31: Anordnung toxischer Elemente im Periodensystem

Periode	Gruppe						
	VIII	I	II	III	IV	V	VI
II	—	—	(Be)	—	—	—	—
IV	Ni	(Cu)	(Zn)	—	—	As	Se
V	Pd	Ag	Cd	—	Sn	Sb	Te
VI	Pt	Au	Hg	Tl	Pb	Bi	—

Unter den Metallen zeichnen sich insbesondere Quecksilber, Blei und Cadmium durch eine besonders hohe Toxizität, verbunden mit einer beträchtlichen Verbreitung, aus. Quecksilber gelangt in erster Linie durch die elektrochemische (Quecksilberelektroden) und elektrotechnische Industrie in die Umwelt.

Die Emission von Blei erfolgt vorwiegend über Auspuffgase. Die Verschmutzung der Oberflächengewässer durch Blei erhöhte sich auf der nördlichen Halbkugel in der letzten Zeit um das Fünffache. Die Umweltbelastung durch Cadmium kann mit der metallurgischen und der „Atom"-Industrie verbunden sein. Platinmetalle können als Folge katalytischer Erdölwandlungsprozesse und radioaktives Ruthenium beim Zerfall bestimmter Kernbrennstoffe emittiert werden.

Eine zunehmende Gewässerbelastung[1] mit verschiedenen toxischen Elementen ist auf die industrielle Produktion von Komplexonen und anderen potentiellen Liganden zurückzuführen. Die Immission dieser Verbindungen in die Gewässer kann zur Auflösung schwerlöslicher Metallverbindungen durch Komplexbildung führen. Dadurch werden toxische Metallionen in Transportformen überführt, die Biomembranen zu permeieren vermögen. Auf diese Weise können toxische Elemente durch die aquatische Biomasse akkumuliert werden. Die Folge davon ist, daß Metallkomplexonate (oder auch Komplexone) über die Nahrungskette in den menschlichen Organismus gelangen und schwere Schädigungen (Tumorbildungen, Mutagenesen, Stoffwechselstörungen) hervorrufen können.

Bei hinreichend hoher Konzentration können sich selbst die „Lebensmetalle" als toxisch erweisen, insbesondere dann, wenn sie in Transportformen vorliegen, die sich durch gute Löslichkeit sowohl in der wäßrigen als auch in der Lipidphase („Bioakkumulationspotential") auszeichnen.

Die hier betrachteten Metallverbindungen sind sowohl an Geozyklen als auch an Biozyklen beteiligt, wie aus dem folgenden Schema ersichtlich ist.

[1] Siehe dazu auch: Stumm, W.: Naturwiss. **64**, 157 (1977) (*Anm. der Herausgeber*).

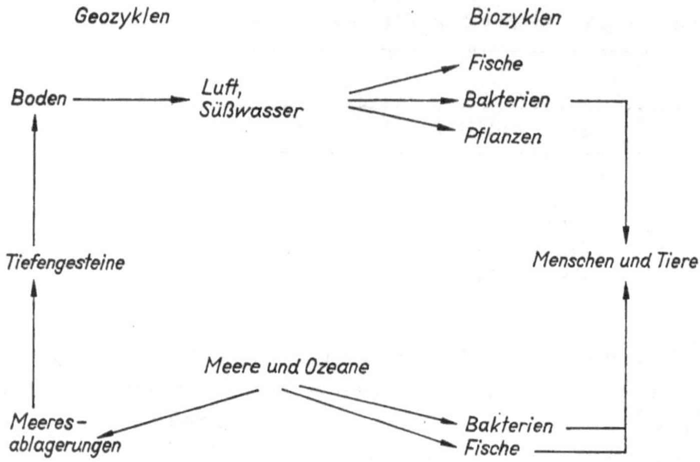

Die exakte Kenntnis der chemischen Immission toxischer Elemente im Boden, in Meeres- und Flußablagerungen, in den Gewässern und in der Atmosphäre ist sehr wesentlich. Auf dieser Grundlage kann man biologische Kreisläufe (Biozyklen) aufstellen, um die biologische Wirkung erklären zu können.

So sind für den Quecksilber-Kreislauf Methylierungsreaktionen besonders charakteristisch. Vitamin B_{12} (bzw. analoge $X{-}Co^{II}{-}CH_3$-Verbindungen) wirkt als Methylierungsreagens durch eine heterolytische Bindungsspaltung:

$$X - Co^{II} - CH_3 \xrightarrow[H_2O]{} X - Co^{III}(OH_2) + CH_3^-$$

Im Falle der Anwesenheit von Hg^{2+}-Ionen treten diese sofort mit den CH_3^--Ionen in Wechselwirkung, wobei sich das Methylquecksilberkation $HgCH_3^+$ und Dimethylquecksilber bilden. Die auf diese Weise methylierten Quecksilberverbindungen sind durch eine außergewöhnlich hohe Toxizität (insbesondere Neurotoxizität) gekennzeichnet. Diese Toxizität ist auf ihr hohes Permeationsvermögen zurückzuführen.

Analoge Zyklen wie für Quecksilber gelten auch für andere Elemente wie z. B. Palladium, Platin und Gold, jedoch nicht für Blei, Cadmium, Zink oder Kupfer.

Abbildung 16 zeigt den biologischen Kreislauf des Arsens. Hier spielen Methylierungsreaktionen unter Beteiligung von Mikroorganismen und Schimmelpilzen ebenfalls eine sehr wesentliche Rolle. Es konnte nachgewiesen werden, daß sich insbesondere in den Schelfen Norwegens Methylarsenitverbindungen angereichert haben.

Analog zum Arsen verläuft auch der Biozyklus von Selen, Tellur und Schwefel.

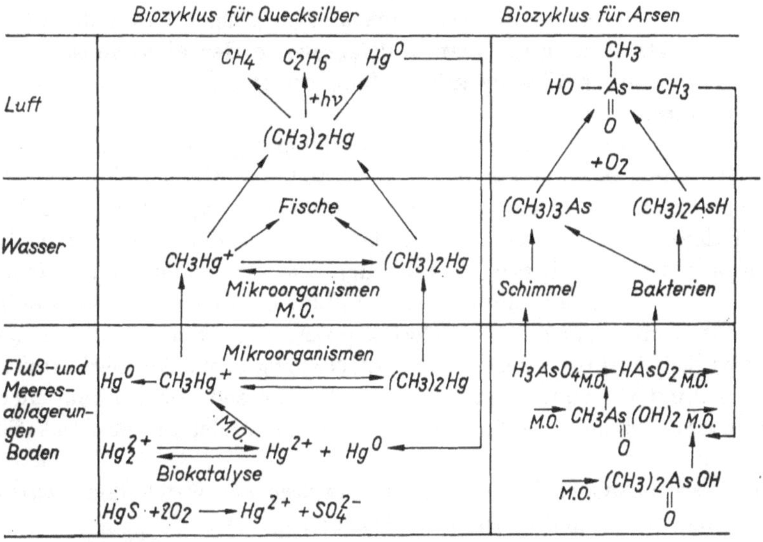

Abb. 16. Biologischer Kreislauf von Quecksilber und Arsen

Die bioanorganische Chemie hat sich auch der Frage der Belastung der Atmosphäre mit einfachsten nichtmetallischen Verbindungen zu stellen, deren Emissionen in (t/a) sich als beträchtlich erweisen[1]:

CO_2	9×10^9	NO_X	5×10^7
CO	2×10^8	gebundener Stickstoff (Düngemittel)	1×10^7
SO_2	8×10^7	lösliche Phosphate (Düngemittel) und Detergentien	$6{,}5 \times 10^6$
C_mH_n	8×10^7		

Ein Überschuß an Kohlendioxid, Nitraten, Nitriten, Ammoniumsalzen und löslichen Phosphaten beeinflußt die gesamte Biosphäre (speziell die Pflanzenwelt) sehr wesentlich. Die Stickoxide und Kohlenmonoxid können mit einigen Metalloproteinen in Wechselwirkung treten, wobei sie deren aktive Zentren blockieren.

Die Anwendung der Ergebnisse der bioanorganischen Chemie auf die Untersuchung so komplexer Probleme wie die der Wechselwirkung der Biosphäre mit der sich unter dem Einfluß der menschlichen Tätigkeit stark verändernden Umwelt befindet sich in ihrem Anfangsstadium. Bereits die hier

[1] Vgl. dazu auch: Möller, D., Graf, M.: Z. Chem. **15**, 461 (1975) (*Anm. der Herausgeber*).

betrachteten Beispiele zeigen, als wie wichtig sich solche Untersuchungen erweisen können. Man kann annehmen, daß bereits in der allernächsten Zukunft die bioanorganische Chemie zur Lösung dieser Probleme eine breite Entwicklung erfahren wird.

Schließlich können auch einige Aspekte der bioanorganischen *„chemischen Bionik"* ein praktisches Interesse erfahren. Dabei handelt es sich um die Untersuchung chemischer Prozesse, die unter Beteiligung lebender Zellen ablaufen, mit dem Ziel der modellhaften Beschreibung solcher Systeme, der Übertragung auf Laborbedingungen und der anschließenden industriellen Nutzung. Zu solchen Prozessen kann die reversible Bindung von molekularem Sauerstoff gehören, mit dem Ziel der Schaffung neuartiger Speicher für Sauerstoff. In letzter Zeit wird der milden Stickstoffixierung große Aufmerksamkeit zuteil. Dabei gelingt es, zumindest teilweise, den Prozeß der Bildung nicht nur von Ammoniak, sondern auch von Hydrazin aus molekularem Stickstoff zu reproduzieren.

Großes Interesse beansprucht auch die *Gewinnung von* wertvollen *Spurenelementen* aus Meerwasser und anderen natürlichen Quellen.

Es ist bekannt, daß die pflanzliche Biomasse der Meere Iod aufzunehmen und anzureichern vermag und somit als industrieller Rohstoff für die Iodgewinnung dienen kann. Die Anreicherungsfaktoren einiger Spurenelemente sind für verschiedene Spezies des Meeresplanktons durch Werte von 10^5 bis 10^6 gekennzeichnet (insbesondere für Cadmium, Quecksilber und Blei werden sehr hohe Anreicherungsfaktoren gefunden).

Schließlich zeugen die großen Erfolge der *„mikrobiologischen Metallurgie"* (Nutzung von Mikroorganismen in der Hydrometallurgie) von der Möglichkeit der Übertragung biologischer Modelle auf die Metallgewinnung unter Labor- und Industriebedingungen.

Als Beispiele der industriellen Anwendung mikrobiologischer Prozesse in der Metallurgie kann man die folgenden nennen: Aufbereitung von Kupfer aus Chalkopyrit (in vier Tagen werden 80% des Kupfers ausgelaugt), Abtrennung von Mangan aus oxydischen Carbonaterzen (Gewinnung von 97,5% Mangan bei einem Erzgehalt bis 4%), der „Aufschluß" von Arsenkies-Konzentraten mit dem Ziel, Gold von Arsen zu trennen, sowie eine Reihe weiterer Verfahren.

Die Mechanismen der mikrobiologischen Anreicherung von Spurenelementen sind bisher — soweit uns bekannt ist — noch nicht eingehend untersucht worden. Auch auf diesem Gebiet eröffnen sich große Möglichkeiten für die Anwendung der bioanorganischen Chemie.

Die in diesem Kapitel betrachteten Beispiele erschöpfen keinesfalls alle Möglichkeiten der praktischen Nutzung der Ideen und Methoden der bioanorganischen Chemie.

Literatur

[1] ALBERT, A., „*Strategie der Chemotherapie*", Mir, Moskau, 1967

[2] BERSUKER, I. B., „*Struktur und Eigenschaften von Koordinationsverbindungen*", Chimija, Leningrad 1971

[3] BRATUSCHKO, YU. I., JACIMIRSKIJ, K. B., „*Koordinationsverbindungen der 3d-Übergangsmetalle*", in: „*Fortschritte der Chemie von Koordinationsverbindungen*", Naukova dumka, Kiew 1975

[4] BRESLER, S. E., „*Einführung in die Molekularbiologie*", Verlag der Akademie der Wissenschaften der UdSSR, Moskau 1963

[5] GOLDANSKIJ, W. I., MAKAROV, E. F., „*Grundlagen der Gammaresonanzspektroskopie*", in: „*Chemische Anwendung der Mössbauerspektroskopie*", Mir, Moskau 1970

[6] DRAGO, R., „*Physikalische Methoden in der anorganischen Chemie*", Mir, Moskau 1967

[7] SIGBAN, K., NORDLING, K., FALMAN, A., NORDBERG, F., CHAMRIN, K., CHEDMAN, YA., YOHANSON, G., BERGMARK, G., KARISSON, S., LANDGREN, I., LINDBERG, B., „*Elektronenspektroskopie*", Mir, Moskau 1971

[8] KOSTROMINA, N. A., Uspech. chim. **42**, 585 (1973)

[9] KRISS, E. E., JACIMIRSKIJ, K. B., Uspech. chim. **35**, 349 (1966)

[10] COTTON, F., WILKINSON, J., „*Moderne anorganische Chemie*", Mir, Moskau 1969

[11] NAKAMATO, K., „*IR-Spektren von anorganischen und Koordinationsverbindungen*", Mir, Moskau 1966

[12] NEFEDOW, W. I., „*Anwendung der Röntgenelektronenspektroskopie*", in „*Resultate der Wissenschaft*", Verlag VINITI, Moskau 1974

[13] OVTSCHINNIKOV, YU. A., IVANOV, W. T., SCHKROB, A. M., „*Membranenaktive Komplexone*", Nauka, Moskau 1974

[14] ROSSOTTI, E. H., ROSSOTTI, A. W., „*Bestimmung der Stabilitätskonstanten und anderer Gleichgewichtskonstanten in Lösungen*", Mir, Moskau 1965

[15] WILLIAMS, D., „*Lebensmetalle*", Mir, Moskau 1975

[16] CHARITONOV, YU. A., „*Schwingungsspektren in der anorganischen Chemie*", Nauka, Moskau 1971

[17] SCHUSTOROWITSCH, E. M., „*Chemische Bindung*", Nauka, Moskau 1973

[18] SCHUSTOROWITSCH, E. M., „*Chemische Bindung in Koordinationsverbindungen*", Snanije, Moskau 1975

[19] JACIMIRSKIJ, K. B., „*Thermochemie von Komplexverbindungen*", Verlag der Akademie der Wissenschaften der UdSSR, Moskau 1951

[20] JACIMIRSKIJ, K. B., WASSILJEW, W. P., „*Instabilitätskonstanten von Komplexverbindungen*", Verlag der Akademie der Wissenschaften der UdSSR, Moskau 1959

[21] JACIMIRSKIJ, K. B., J. anal. chim. (UdSSR) **6**, 211 (1951); J. phys. chim. (UdSSR) **25**, 221 (1951)

[22] JACIMIRSKIJ, K. B., J. obschtsch. chim. (UdSSR) **24**, 1498 (1954)

[23] JACIMIRSKIJ, K. B., J. neorg. chim. (UdSSR) **15**, 315 (1970)

[24] JACIMIRSKIJ, K. B., Theor. exper. chim. (UdSSR) **6**, 462 (1970)

[25] Jacimirskij, K. B., Jacimirskij, W. K., „*Chemische Bindung*", Vysschaya schkola, Kiew 1975
[26] Jacimirskij, K. B., Kriss, E. E., Goldstein, B. I., Gerassimowa, W. W., Ukr. chim. journ. (UdSSR) **32**, 1031 (1966)
[27] Jacimirskij, K. B., Nemoschkalenko, W. W., Nasarenko, Yu. P., Aleschin, W. G., Shilinskaja, W. W., Taldenko, Yu. D., Theor. exper. chim. (UdSSR) **10** 660 (1974); DAN SSSR (UdSSR) **217**, 1374 (1974)
[28] Jacimirskij, K. B., Wolkow, S. W., Jewtuschenko, H. P., Theor. exper. chim. (UdSSR) **8**, 506 (1972)
[29] Cleare, M. J., Chem. Rev. **74**, 215 (1974)
[30] Eichhorn, G. (Edit.), „*Inorganic Biochemistry*", vol. I, II, Elsevier, Lausanne 1973
[31] Hughes, M. H., „*Inorganic Chemistry of biological processes*", John Wiley, London 1973
[32] Lehn, J. M., Structure and bonding, **16**, 3 (1973)
[33] Lever, A. B. P., „*Electron spectroscopy of inorganic substances*", Elsevier, Amsterdam 1968
[34] Sillen, L. G., Martell, A., „Stability constants", Chem. Soc., London 1964
[35] Stares, J., „*Molecules of life*", Geoffrey Chapman, London 1972
[36] Vallee, B. R., Progr. Bioorganic. Chem. **1972**, 16
[37] Williams, R. J. P., Endeavour **26**, 96 (1967)
[38] Wood, J. M., Science **183**, 1049 (1974)

FSC
www.fsc.org
MIX
Papier | Fördert
gute Waldnutzung
FSC® C083411

Zeitfracht Medien GmbH
Ferdinand-Jühlke-Straße 7
99095 Erfurt, Deutschland
produktsicherheit@kolibri360.de